水对红砂岩力学性质影响的试验及数值模拟研究

于超云　著

郑州大学出版社

图书在版编目(CIP)数据

水对红砂岩力学性质影响的试验及数值模拟研究 / 于超云著. —郑州：郑州大学出版社, 2022. 8
ISBN 978-7-5645-8749-9

Ⅰ. ①水… Ⅱ. ①于… Ⅲ. ①岩石力学-研究 Ⅳ. ①TU45

中国版本图书馆 CIP 数据核字(2022)第 103108 号

水对红砂岩力学性质影响的试验及数值模拟研究
SHUI DUI HONGSHAYAN LIXUE XINGZHI YINGXIANG DE SHIYAN JI SHUZHI MONI YANJIU

策划编辑	袁翠红	封面设计	张　涓
责任编辑	杨飞飞	版式设计	大豫出书网
责任校对	崔　勇	责任监制	凌　青　李瑞卿

出版发行	郑州大学出版社	地　　址	郑州市大学路 40 号(450052)
出 版 人	孙保营	网　　址	http://www.zzup.cn
经　　销	全国新华书店	发行电话	0371-66966070
印　　刷	郑州宁昌印务有限公司		
开　　本	710 mm×1 010 mm　1/16		
印　　张	10.75	字　　数	152 千字
版　　次	2022 年 8 月第 1 版	印　　次	2022 年 8 月第 1 次印刷

书　　号	ISBN 978-7-5645-8749-9	定　　价	45.00 元

隧道、边坡、核废料处理、地热、石油和天然气开采甚至古代石制遗迹等岩体结构的长期响应与稳定性一直备受关注,而岩石流变性质是进行岩体工程长期稳定性预测的重要依据。岩体结构在长期服役过程中往往受到各种荷载和周围环境的共同作用。由于水岩作用造成的工程失稳案例层出不穷,这说明水对岩体结构的安全性和稳定性具有重要的影响。那么,充分了解水对岩石力学特性尤其是蠕变特性的影响是十分必要的,但是目前关于水对岩石瞬时和蠕变特性的影响规律和作用机制还不够明确和充分。鉴于此,本书拟通过大量物理试验、数据分析和数值模拟相结合的方法开展研究工作,并将试验结果应用于探索实际的工程问题。本书的研究结论将有助于明确水对岩石流变力学特性的影响规律及其影响机制,丰富和完善岩石流变力学理论的研究,从而为预测岩体工程的长期稳定与安全提供参考。具体开展的工作以及主要结论如下:

(1)广泛开展了含水率对红砂岩瞬时力学性质影响的单轴压缩、三轴压缩和巴西劈裂试验,综合分析含水率对红砂岩单轴抗压强度、特征应力、三轴强度、拉伸强度等力学参数的影响规律,结果表明,含水红砂岩的压缩强度、拉伸强度、各阶段特征应力均随含水率增加而呈负指数形式衰减;强度软化系数随围压增大而增大,且水分对岩石抗拉强度的降低作用大于抗压强度;随着含水率的增大,试样破坏模式逐渐由劈裂破坏向剪切破坏过渡。

(2)设计了一套可与 RMT-150C 试验机配套使用的环境试验箱,对红砂岩试件开展了考虑荷载与水共同作用的单轴分级加载蠕变试验,并对表面密封的干燥和饱水试件进行常规单轴压缩蠕变试验作为对照试验。结果表明,与表面密封的干燥和饱水试件相比,受荷载和水共同作用的浸水红砂岩的蠕变应变、稳态应变率均增大,失效时间提前,长期强度降低。通过区分瞬时应变、与时间相关的蠕变应变和总应变,定义了变量 β 为蠕变应变与总应变的百分比,建立变量 β 与应力的关系。变量 β 随应力增加出现先减小后增大的趋势,将趋势的转折点对应的应力定义为长期强度。此外,通过对红砂岩进行常规单轴、三轴及巴西劈裂蠕变试验发现,变量 β 随应力先减小后增大趋势普遍存在,认为应变比 β 最小值法可以作为一种新的确定岩石长期强度的方法。

(3)开展了不同应力和水共同作用下非饱和红砂岩试件(含水率分别为 0、2.97%、3.34%、3.37%和 3.45%)的单轴压缩蠕变试验,分别建立了瞬时应变、蠕变应变、稳态应变率和破坏时间与初始含水率的关系,分析初始含水率对红砂岩蠕变力学参数的影响。研究表明,在恒定荷载与水共同作用下,即便是初始饱和岩样,其蠕变特性仍然有显著的变化。瞬时应变和稳态应变率随含水率的增加呈指数形式逐渐增大,而蠕变应变和破坏时间随含水率的增加而减小。

(4)对初始饱水红砂岩试件开展相同应力水平不同持载时间下的蠕变试验。结合 80%高应力水平下不同蠕变时间后红砂岩试件的吸水试验结果,对比分析了饱水红砂岩试件在蠕变前后吸水性能的变化规律,将吸水性能的改变与蠕变过程中的损伤演化和裂纹扩展建立联系。结果表明,浸水条件下的饱和试件受到荷载和水的共同作用,在蠕变的过程中,岩石内部裂纹不断增多导致产生与时间相关的变形,促使环境中的水不断的迁移到新裂隙尖端,加剧了水的物理力学作用,这是一个应力、水分迁移以及损伤演化相互影响相互作用的过程,这也是在荷载与水共同作用下饱水岩样的蠕变力学特性依然显著变化的根本原因。

(5)在真实破裂过程分析(realistic failure process analysis,简称 RFPA)软件的基础上,采用考虑应力-水-损伤耦合作用的数值计算方法,建立小尺寸岩石试件在浸水条件下的数值模型,结合试验数据确定模型参数,对不同应力水平下浸水模型的蠕变过程进行数值模拟。通过与干燥模型的数值模拟结果对比发现,相同应力水平下浸水模型的破坏时间明显缩短,这个数值计算结果与物理试验规律十分一致,间接验证了数值计算方法的合理性。

(6)尽管松动圈的存在已经毫无争议,但是目前的松动圈理论还不能对松动圈形成的时间效应给以准确的物理解释和理论描述。采用考虑应力-水-损伤耦合作用的数值计算方法,再现水汽环境中围岩松动圈的形成过程,探讨围岩松动圈形成的时间效应机制。结果表明,水汽环境中围岩松动圈由应力导致的不规则的破裂圈和水分迁移导致的规则的材料弱化圈两部分组成。水分在围岩内部迁移伴随着围岩性质的弱化是一个与时间相关的过程,这就是围岩松动圈形成具有时间效应的原因。此外,讨论了有无防水加固方案及何时加固对围岩变形的影响,通过对比分析计算结果发现,及时采取防水加固的支护方案可以有效防止围岩变形。

CONTENTS

1

绪　论

1.1　研究背景与意义

一直以来,隧道、地下洞室、边坡、古代石制遗迹等岩体结构的长期响应与稳定性备受关注。此外,在开采和废弃过程中,房柱式矿山的稳定性也受到极大的关注。随着生产力水平及工程建筑事业的迅速发展,人们对岩体的应用、开发范围不断深入,如大型水利水电工程,深长埋隧道工程,以及核废料处理、地热、石油和天然气开采等工程,遇到的影响岩石破坏的因素不断增多,处理的岩石力学问题也日益复杂。比如,高放射性核废料处理项目需要考虑上万年甚至更长的时间跨度,其安全处置是有核能或核武器的国家正在面临的难题,在评价地下岩石处置设施的响应和稳定性时,往往涉及非常复杂的热、水(汽)和力学现象的相互作用。岩石流变性质是进行岩体工程长期稳定性预测的重要依据,因而,无论从经济合理的角度出发,还是从安全稳定的角度出发,均迫切需要对岩石流变力学特性进一步深入研究[1]。

岩体工程结构性能的劣化,归根结底是岩石材料性能的退化,而材料性能的退化与所受荷载及周围所处的环境密切相关。特别是,岩体内部往往存在着大量弥散分布的细观缺陷。Price[2]指出,地壳岩石中含有大量的各种间质流体,在大多数情况下这些流体就是水。多孔岩石中的水可以影响其变形特性,因此,在饱和及干燥条件下,岩石的力学行为可能会有显著差异。由水触发的工程地质灾害在岩土工程中是非常普遍的问题。据统计,90%以上的岩体边坡破坏、60%矿井事故和30%~40%的水电工程大坝失事都与水岩作用相关[3]。比如在煤矿工程施工过程中,由于岩层中的地下水和施工用水的存在导致巷道围岩软化破碎;由于不良地质结构引起软化损伤导致的千将坪滑坡。Auvray 等[4]监测发现位于法国某地下矿山的相邻石膏岩矿柱间的相对收敛变形具有时间效应,认为这是空气湿度随季节性变化的结果。汪亦显[5]指出库水上涨前后的河岸边坡,水库蓄水抽水后大的坝、库岸等都会发生滑坡灾害,而且渗透动水压力不足以证明是滑坡灾害的"元凶"。对于库区边坡而言,水岩作用不仅通过改变岩土体的状态,更重要的是还通过改变其结构或成分,不断恶化岩土体的性质,最终导致库岸边坡发生滑坡、崩塌等突跃式的灾变[6]。在地下工程中,隧洞等地下洞室开挖以后,围岩变形甚至坍塌破坏等均表现出时效特征;唐春安等[7,8]指出岩体受到开挖后,不仅打破了围岩中的应力平衡,也打破了环境平衡,比如,地下水、湿度、温度等,因此除了应力因素外,环境因素也是造成松动圈形成的重要因素[7]。所以,充分了解水对岩石力学行为的影响作用对于解决一系列与岩石力学应用相关的问题,如采矿、隧道掘进、库(水)岸边坡等具有重要意义。

此外,水对古代文明遗迹的危害也受到了广泛关注。大部分古代文明遗迹都是由各种石头构成的。除了长期持续的载荷外,自然因素比如大气介质和岩石内的流体等还会引起这些文化遗迹的风化,造成结构的变形和不稳定。比如,中国洛阳龙门石窟的雕像有80%受到风化的侵害,许多洞窟上方及周围的裂缝纵横交错。由于石窟的岩性为石灰岩,再加上洛阳当地降水充沛,雨水不断溶蚀石窟雕刻品,而且在雕刻品表面形成钙质沉积物,进而覆盖了雕刻品,这对雕像修复造成很多困难[图 1.1(a)]。再比如,山西云冈石窟开凿于 1 500 年以前,它的岩性为长石石英砂岩。目前,渗水是造成石窟风化严重的主要原因。由于水与岩石长期而缓慢地相互作用,造成云冈石窟的许多石像四肢残缺、“面目全非”[图 1.1(b)]。

(a)龙门石窟岩壁溶蚀

(b)残缺的云冈石窟石像

图 1.1 石质古文化遗迹遇水风化受损实例

综上所述,正是由于水对岩体结构的安全性和稳定性具有重要的影响,水岩作用造成的工程失稳案例层出不穷,那么开展“水对岩石力学性质影响的试验及数值模拟研究”这一课题将有助于明确水对岩石流变力学特性的影响规律及其作用机制,丰富和完善岩石流变力学理论的研究,从而为预测岩体工程的长期稳定与安全提供参考依据。研究成果可以用于水下采矿、水利工程、水岸边坡以及文物保护等其他与环境相关的工程领域。

1.2 水软化作用的研究进展及分析

一般来说,水会降低岩石强度,这就是所谓的水的软化作用。为了研究水对岩石力学行为的影响,众多学者对不同岩性(灰岩、砂岩、板岩、花岗岩、石膏岩、泥岩、盐岩等)、不同加载条件(单轴、三轴、巴西劈裂)、不同干湿循环次数的岩石材料开展了大量的试验研究。

目前,含水率或饱和度对岩石力学性质影响方面的研究很多,主要涉及强度特性、弹性模量等。在国外,Price[10]在1960年报道了砂岩试样的UCS随着含水率的增加而减小。Van Eeckhout和Peng[11]在1975年发现,随着含水率的增加,煤矿页岩的单轴抗压强度降低。Chugh和Missavage[12]在1981年通过调查和研究认为岩石单轴抗压强度与弹性模量随湿度的增加而减小。将岩石试件浸在水中24 h,与天然湿度的试件相比,其单轴抗压强度将减小50%~60%,在弹性模量减小的同时,泊松比加大。Hawkins和McConnell[13]在1992年研究了含水率对英国21个地区35种不同砂岩强度和变形性的影响,这些砂岩的年龄范围从前寒武纪到白垩纪。Vásárhelyi[14]在2003年分析了Hawkins和McConnell的这篇论文中给出的UCS和正切/割杨氏模量数据,建立了干燥及饱和岩石物理常数之间的线性回归关系。尽管35种British sandstones的矿物含量、孔隙度、粒度等存在差异,但是线性回归相关系数R_2值之高表明其干燥及饱和特性之间存在明显的关系。统计分析表明,饱和单轴抗压强度占干样品的75.6%,而饱和正切模量和正割模量分别占干样品的76.1%和79.0%。Mohamad等[15]在2008年研究了含水率对不同风化等级的砂岩强度的影响,研究发现随着风化等级的增加,含水率对强度的影响更加明显。随着风化等级的增加,由于原始矿物的分解作用,岩石材料中的黏土矿物占主导地位。风化岩中黏土矿物的存在也会影响岩石材料吸附水的强度,从而导致强度大幅度降低。另外,微组构的变化(特别是孔隙度的变化)似乎是水分含量变化导致岩石强度降低的控制因素。Erguler[16]在2009年通过对土耳其不同类型含黏土岩石的室内试验,定量研究了含水率对含黏土岩石力学性能的影响,结果表明,随着含水率的增加,岩石从烘干到饱和状态,其单轴抗压强度、弹性模量和抗拉强度分别降低了90%、93%和90%,显著高于前人的研究。Shakoor和Barefield[17]在2009年研究了砂岩无侧限抗压强度与饱和度之间的关系。结果表明,随着饱和程度的增加,干燥和饱和状态的无侧限抗压强度降低趋势明显,强度下降幅度高达71.6%。与中、低强度砂岩相比,这种衰减趋势在高强度砂岩中更为显著,而中、低强度砂岩表现出较难预测的行为。有些砂岩的强度下降主要发生在饱和度小于

20%时,而在较高的饱和度水平下强度下降幅度不大,甚至无法识别。Yilmaz[18]在2010年对干燥和饱水状态的石膏岩石试样进行了试验。结果表明,即使含水率仅少量增加,也会造成石膏强度大幅度的降低。随着含水率从干燥状态增加到饱和状态,UCS值和弹性模量值分别降低了64.07%和53.05%,说明石膏强度对含水率更加敏感。Li等[19]2012年通过三轴压缩试验,研究了含水率和各向异性对变质砂岩和粉砂岩强度和变形能力的影响。尽管这两种岩石的含水率都很低,但它们对三轴抗压强度和变形能力有显著的影响。强度降低与莫尔-库仑破坏准则中摩擦角的减小有关,而霍克-布朗破坏准则中岩石常量mi值的减小则与摩擦角的减小有关。水对岩石变形能力的影响表现为杨氏模量的降低和泊松比的增大。Wasantha等[20]2014年对风干和饱水Hawkesbury砂岩进行了三轴试验,结果表明,峰值有效强度随围压的增大而增大,而且围压越高,岩石强度损失越大。Wong等[21]2016年回顾和总结了自20世纪40年代起有关岩石在水作用下强度和模量劣化的文献。含水率是导致岩石强度和模量降低的最重要因素,但不是唯一的因素,沉积岩的含水率效应一般比火成岩和变质岩更为严重。在国内,陈钢林[22]对饱和度不同的砂岩、灰岩、花岗闪长岩和大理岩进行了单轴压缩试验,取得了砂岩、花岗闪长岩的单轴抗压强度和弹性模量随饱水度变化的定量结果。朱珍德等[23,24]开展了红砂岩和泥板岩遇水弱化的研究。杨春和等[25]研究了板岩在三轴压缩状态下遇水软化的微观结构和力学特性,随着含水率的增加板岩峰值强度呈负对数规律衰减;而且随着浸泡时间延长,矿物颗粒之间的毛细管力降低,黏结力下降,宏观上表现为岩石发生软化。孟召平、彭苏萍等[26]发现在低含水率情况下,岩石在峰值强度后表现为脆性和剪切破坏,但随着含水率的增加,主要表现为塑性破坏。张春会等[27]研究了在三轴条件下饱水度对砂岩力学特性的影响,结果表明,随着饱水度增加,砂岩模量、峰值强度和残余强度均降低,并且随着围压增加,饱水度对砂岩模量、峰值强度和残余强度的影响都减弱。刘新荣等[28]通过试验模拟研究了砂岩受库水"饱水-风干"水-岩循环作用后黏聚力、内摩擦角的劣化规律。随干湿循环次数的增加,其峰值应变表现出下降、稳定两个阶段,其峰值应力、黏聚力、内摩擦角和弹性模量都逐渐降低。

与抗压强度相比,水对岩石抗拉强度弱化效应的研究较少。Vutukuri[29]研究了环状石灰岩标本在不同的液体如水、甘油、乙醇、硝基苯和其他几种有机溶剂中浸泡后的拉伸强度。试验结果表明,与其他液体相比,石灰石在水中的抗拉强度下降幅度最大。原因是与其他液体相比,水具有最高的介电常数和表面张力。液体的介电常数和表面张力越大,石灰石的抗拉强度下降越大。Dube 和 Singh[30]研究了环境湿度对巴西砂岩间接抗拉强度的影响。研究发现,湿度对砂岩的强度有显著影响,强度的降低取决于砂岩的孔隙度和矿物组成,孔隙率和黏土矿物含量较高的砂岩,在环境湿度作用下,抗拉强度降幅较大。Ojo 和 Brook[31]对不同饱和度的砂岩进行了单轴压缩试验和直接拉伸试验。尽管岩石的单轴抗压强度(C_0)和抗拉强度(T_0)都随着含水率的增加而降低,但他们发现饱和条件下的 C_0/T_0 比高于风干条件下的 C_0/T_0。因此,他们认为水分对岩石抗拉强度的降低作用大于抗压强度。Wong 和 Jong[21]研究含水饱和度对岩石抗拉强度的影响,试样在水中浸泡1周后,拉伸强度下降到干强度的一半左右,试样在水中浸泡3周和10周后,抗拉强度仅略有下降。高速视频技术分析表明,干试样和湿试样在裂纹扩展速度和裂纹发育数量方面存在明显差异。在国内,You 等[32]通过巴西试验和环形试验研究了饱和度对片麻岩、大理石和砂岩抗拉强度的影响。巴西试验结果表明,与干态岩石相比,饱和岩石的抗拉强度较低。然而,环形试验结果表明,干试样和湿试样的拉伸强度相差不大。Zhao 等[33]研究了黏土矿物含量较低的重庆砂岩在连续浸泡和湿-干循环两种风化条件下的拉伸强度特性,发现在连续浸泡作用下岩石拉伸强度的降低更为显著。在水中长时间浸泡的砂岩抗拉强度并没有明显的额外降低;在湿-干循环作用下,砂岩的抗拉强度不一定会永久降低,因为一旦试样干燥,润湿过程中损失的大部分拉伸强度可以恢复。邓华锋等[34]研究发现随着含水率的增加,层状砂岩的抗拉强度总体呈现先陡后缓的降低趋势,在饱水度低于80%左右时,抗拉强度降低幅度较大,而后的降低幅度趋于缓慢。Zhou 等[35]开展了动静加载条件下饱和及干燥过程中砂岩试样的拉伸和压缩试验,全面分析了含水率对岩石力学性能的影响。在饱和过程中,砂岩在静、动两种状态下的抗压强度和抗拉强度的降低。在干燥过程中,所有的饱和试样基本上都能恢复到干燥状态下的力学性能和强度。但对于饱和及干燥过程中的部分饱和试样,相同含水率试样的抗拉强度不同,这可能与试样中水分分布不同有关。

从以上研究可以得到的一致结论是,水对岩石的影响和作用程度受到岩石含水率的直接影响,即岩石的含水率越大则对岩石的力学强度影响也就越大。部分学者给出了两者之间的量化关系。一般地,岩体强度和弹性模量随着含水率的增加服从负指数下降。

比如,Hawkins[13]通过试验确定了含水率对 15 种砂岩强度的影响,发现含水率与单轴抗压强度以及含水率与弹性模量之间的关系可以用指数方程的形式来描述。Yilmaz[18]通过试验研究发现,UCS 和 E 与含水率之间呈指数函数关系。Priest 和 Selvakumar[36]研究了两种砂岩和三种石灰岩,发现所有岩石的单轴抗压强度、杨氏模量和脆性指数均随含水率的增加而显著降低,并且符合一个简单的指数模型。Vásárhelyi[37]提出了一种估算砂岩对含水率敏感性的方法。Dube 和 Singh[30]发现五种类型砂岩的拉伸强度与含水率之间存在非线性相关关系。周翠英等[38]通过试验研究发现软岩在饱水后单轴抗压强度、劈裂抗拉强度、抗剪强度指标随着饱水时间而衰减,并最终趋向于稳定,强度随含水率服从负指数变化规律。Roy 等[39]研究了饱和度对三种砂岩力学参数的影响,发现岩石的抗拉强度、杨氏模量以及断裂刚度都随着饱和度的增加而降低。贾海梁等[40]对泥质粉砂岩进行试验研究发现,随着饱和度的增加,岩石的抗压强度、抗拉强度均呈出先迅速降低然后逐渐变缓的趋势,即负指数的形式。朱珍德等[23]通过试验研究发现泥板岩单轴抗压强度与含水率构成非线性关系,而弹性模量是含水率的线性函数,二者都随含水率的增大而降低。

由于质地和岩性的差异较大,不同岩石类型的水弱化程度差异较大。Colback

和 Wiid[41]对石英砂岩进行的单轴抗压强度(UCS)测试表明,砂岩强度经饱和后可降低 50%以上,这对砂岩来说是一个显著的强度降低。Burshtein[42]研究了含水率对俄罗斯沉积岩(如石英砂岩和富黏土砂岩)强度和变形特性的影响,结果表明,含水率从 0 到 4%时,石英砂岩的 UCS 损失为 50%。然而,在富含黏土的砂岩中,约 1.5%的含水率变化导致 UCS 降低到初始值的三分之一。Duperret 等[43]在对白垩岩的试验中发现由于水的作用,UCS 的损失显著,约为 41%。Elik 等[44]报道称由于水分的作用,凝灰岩的强度浸水 1 h 后显著下降,高达 31.96%。Vasarhelyi[45]发现中新世石灰岩的 UCS 平均降低了 44%。Hadizadeh 和 Law[46]报道了由于砂岩水驱前缘的存在,强度降低了 55%。相比之下,Reviron 等[47]没有观察到水对三轴排水条件下的砂岩有任何显著影响,他们推测黏土矿物的缺乏和石英颗粒的准侵入性是造成这种现象的原因。在最近的一项研究中,Duda 和 Renner[48]报道了在三轴条件下进行测试后,鲁尔砂岩、威尔克森砂岩和枫丹白露砂岩的强度分别降低了 23%、13%和 16%。目前关于结晶岩的水软化行为的研究在文献中相对较少。Broch[49]利用点荷载试验,对多种岩石在干燥和饱水条件下的强度指标进行了测试,总的趋势是,岩石在饱和时强度会降低,然而,一些非常细粒度的岩石显示出强度的显著增加,通过讨论试验结果,提出了一种基于岩石学和水诱导强度变化的岩石分类方法。Lajtai[50]通过试验研究发现浸水后的 Lac du Bonnet 花岗岩抗压强度和断裂韧性的降低幅度较小,小于 5%。

在岩石力学中,通常用“软化系数”这个术语以描述水对岩石的软化作用。岩石软化系数是指饱和与干燥状态下的岩石试件的单轴抗压强度之比。表 1.1 汇总了多种常见岩石的软化系数。岩石的软化系数在一定程度上反映了岩石或岩体的工程地质特性。在水利水电工程的勘测设计过程中,软化系数大于 0.75 的岩石一般被认为是软化性弱,相应的岩石抗水、抗风化、抗冻性能强。而软化系数小于 0.75,认为岩石的工程性质相对较差。在建筑工程的勘测设计过程中,软化系数小于 0.6 的石料一般不允许用于重要建筑物中。

表 1.1 常见岩石的软化系数汇总

编号	岩石类型	软化系数	参考文献
火成岩			
1	花岗岩 Granite	0.987	Lajtai[50]
		0.88	Wong[51]
		0.86	Chugh[12]
		0.86	Van Eeckhout[52]
2	玄武岩 Dolerite	0.65	Van Eeckhout[52]
3	凝灰岩 Tuff	0.68	Chen[53]
		0.124~0.197	Erguler and Ulusay[16]
		0.56	Elik[44]
4	安山岩 Andesite	0.96	Karakul and Ulusay[54]
变质岩			
1	大理岩 Marble	0.95	Chugh[12]
		0.95	Van Eeckhout[52]
2	板岩 Slate	0.80	Van Eeckhout[52]
		0.80	Van Eeckhout[52]
3	石英岩 Quartzite	1.0	Hadizadeh[46]
沉积岩			
1	砂岩 Sandstone	0.71	Van Eeckhout[52]
		0.55	Hadizadeh[46]
		0.45	Van Eeckhout[52]
		0.89	Van Eeckhout[52]
		0.68	Van Eeckhout[52]
		0.54	Chugh[12]
		0.45~0.89	Van Eeckhout[52]
		0.625	Ojo and Brook[31]
		0.632	Dyke[55]
		0.792	Dyke[55]
		0.77	Dyke[55]
		0.49	Wong[51]
		0.484（Longyou sandstone）	Huang[56]
		0.51（Quartzitic sandstone）	Van Eeckhout[52]

续表 1.1

编号	岩石类型	软化系数	参考文献
2	泥岩 Mudstone	0.066	Lashkaripour[57]
		0.11	Jiang[58]
3	粉砂岩 Siltstone	0.34	Chugh[12]
4	石灰岩 Limestone	0.72~0.83	Chugh[12]
		0.62	Van Eeckhout[52]
		0.83	Van Eeckhout[52]
		0.90	Wong[51]
5	石膏 Gypsum	0.36	Yilmaz[18]
6	页岩 Shale	0.26~0.65 (Coal shale)	Van Eeckhout[52]
		0.53~0.55	Chugh[12]
		0.22~0.26	Chugh[12]
		0.31	Chugh[12]
		0.52 (Quartzitic shale)	Van Eeckhout[52]
		0.25 (Sandy shale)	Wong[51]
		0.19 (Sandy shale)	Wong[51]
		0.32 (Laminated shale)	Wong[51]
		0.06 (Clay shale)	Lashkaripour[57]
		0.096 (Mud shale)	Lashkaripour[57]
		0.2	Silva[59]

以往的研究表明,在不同类型的岩石中,水对岩石强度的影响是高度可变的,并且岩石越脆弱,对含水率的变化就越敏感[13]。造成这个结果的原因可能是水与岩石的物化相互作用在很大程度上受矿物成分、颗粒间的胶结物成分、胶结方式、孔隙体积和形状、颗粒大小等微观结构性质的影响,而这些性质在不同的岩石类型之间差异很大。

目前关于水分对岩石强度的影响机制,似乎没有一种能够普遍接受的解释。早在 1976 年,Van Eeckhout[52] 综述了水引起岩石强度降低的 5 种机制,Zhao 等[33] 对每一项机制做了详细说明。例如:

(1)断裂能降低　岩石微孔或裂缝中存在的水会降低表面自由能,从而促进裂缝进一步扩展,降低岩石强度(Baud[60] 和 Risnes[61])。应力腐蚀描述了化学活性孔隙流体与靠近裂纹尖端的应变原子键之间优先发生的流固反应。例如,在硅-

水系统中,靠近裂纹尖端的很高强度的 Si—O 键,即主要的应力支撑元件,被较弱的氢键所取代,从而在较低的应力水平下促进裂纹的扩展(Hadizadeh 和 Law[46])。

(2)毛细张力降低 毛细张力是蒸汽压力与毛细水平衡的函数,用水填充岩石的微孔或裂缝可以降低毛细作用。试样泡水前内部含有结晶水及孔隙、裂隙水,水与颗粒产生吸引力作用,产生毛细管压力;当岩样泡水后,由于外来水分子的加入,使得这种作用力被减弱,从而使毛细管压力减小,造成的岩石的弱化[62]。

(3)孔隙压力增大 对于低渗透或高加载速率的岩石,孔隙体积减小引起的体积压实导致孔隙压力增大,有效应力减小,最终可能导致强度降低。

(4)摩擦减少 在有水存在的情况下,颗粒接触处的摩擦系数可能会降低。与干燥条件相比,饱水的黏土矿物或胶结物的摩擦系数可能下降到其值的40%~80%。

(5)化学和腐蚀性变质 黏土矿物的软化和可能的膨胀会导致在有水存在的情况下强度降低。岩石中某些亲水性矿物颗粒吸水后表面性能发生变化,使得颗粒间及颗粒与胶结物间的吸引力降低,产生弱化[62]。水中的成分与岩石成分发生化学反应,成岩矿物被溶解于水中或者溶解后再在其他地方重新沉淀,从而使岩石强度降低。

虽然这些机制都是不可忽视的,但对于某些特定的岩石类型和加载条件,其中某些机制可能比其他机制更重要。比如,水的作用在富含黏土的岩石中比在富含石英的岩石中更为明显[67]。饱水岩石中的黏土矿物对其强度有两种主要的弱化机制:与水的化学反应[68]和降低岩石摩擦系数[69]。Wasantha[20]在文中指出,水对岩石强度的弱化作用是一种或两种可能机制组合的结果:①力学效应,即孔隙水压力削弱岩体有效强度,即断裂强度降低,导致强度降低;②化学效应,即岩石组分颗粒与水接触时黏性强度的变化。Wasantha 认为这两种效应都倾向于通过降低表面自由能或亚临界开裂机制,如应力腐蚀,或两者的结合来降低岩石的强度。杨慧[70]、曹平[71]等对经浸水不同时间后的软岩试样进行单轴压缩及亚临界裂纹扩展试验,结果表明:水作用下软岩损伤劣化效应具有明显的时间相依性,软岩含水率随着浸水时间增加而不断增大,岩石强度和刚度不断损伤劣化,亚临界裂纹扩展速度不断加快。

为更全面、合理地解释水与岩体的相互作用过程，近年来，国内一些学者利用扫描电镜（SEM）、X射线衍射及其他一些技术对饱水岩石进行实验观测，以期从机制上了解水对岩石力学特性的影响。由于国内试验设备的限制，尚未涉及环境侵蚀过程中的岩石细观破裂机制及内部损伤动态演化过程的研究，鉴于此，冯夏庭等在已有岩石细观加载仪的基础上研制了侵蚀装置和数字显微观测系统，从而分析岩石在环境侵蚀下的细观破裂行为[63]。Feng等[64]做了大量岩石在不同溶度、不同pH值等化学溶液环境中的力学特性试验，借助SEM、CT扫描等微细观方法得到岩石内部变形破裂的损伤演化规律。茅献彪、缪协兴等[65]采用X射线衍射、扫描电镜等方法，较为全面地分析了膨胀岩的组织结构特征和矿物成分，及其在间接拉伸、单轴压缩、三轴压缩、长期流变试验过程中的损伤破坏规律。刘长武和陆士良[66]采用SEM、XRD、9310型微孔结构分析仪等设备研究了泥岩的微观结构及物质组成，结合泥岩遇水后宏观物理力学性质的变化规律，全面阐述了泥岩遇水崩解的软化机制。

由于不同类型岩石的水软化特性具有高度的可变性，因此无法制定一个统一的通用准则来描述岩石在不同应力条件下的水软化行为。即使是同一岩石类型，根据不同地点的矿物学和地质力学性质，水的弱化行为也可能不同。因此，需要对不同的重要岩石进行独立的研究，才能了解它们各自的水弱化特征。

1.3　岩石流变力学研究进展及分析

流变学是“研究所有形式物质的流动和变形”，这个术语和定义是由E. C. Bingham在1929年提出的。流变学是通过与应力和应变速率有关的本构方程来描述材料的性质。岩石流变力学的创立是由材料流变学发展而来的，是材料流变学的一个重要分支。1939年，Griggs[72]通过对砂岩、泥板岩和粉砂岩等进行蠕变试验发现，当荷载达到破坏荷载的12.5%~80%时岩石就发生蠕变。但是，关于岩石流变的试验研究、岩石流变规律的理论研究、岩石流变机制研究及岩体稳定性的时间效应研究是从20世纪60年代才真正开始的。1966年在里斯本召开的首届国际岩石力学会议,有学者提出更适合岩石的流变模型。在1979年第4次国际岩石力学会议上,Langer教授从岩石流变问题的基本概念、岩石力学研究中的流变方法、岩体的流变规律及岩石工程中的流变问题几个方面进行了阐述。由于岩石和岩体本身的结构和组成反映出明显的流变性质,此外由于岩体的受力条件使流变性质更为突出,因此,岩石流变力学研究对于岩石力学的实际问题非常重要。但岩石作为一种自然介质,明显地具有非连续非均质特征。目前,流变学的发展,已经超出均匀连续介质的范畴,开始探索非均质、非连续介质的流变特性。这显然对于岩石流变学的发展将起到积极的作用,这一点Langer教授的报告的最后结论中也明确强调,岩石流变学必须是也只能是不连续介质流变学。由于岩石的复杂性和多样性,使岩石材料与岩体的流变特性研究仍然存在若干亟待解决的问题,因此,进一步深入研究岩石的流变特性是十分必要的。

在我国,开展岩土流变及其物理力学属性方面的研究,可以追溯到20世纪50年代末。陈宗基先生率先将流变学应用于国内的岩土工程领域,对理论流变学问题进行了一系列富有成果的探讨,是我国岩土流变学领域的学术奠基人。孙钧院士团队数十年致力于岩土材料的流变特性研究并将成果成功应用到多项重大岩土工程建设中,对流变力学在岩土工程领域的发展起到了极大的推动作用[73-76]。在此以后的几十年时间里,许多学者相继从不同方面进行了岩石流变特性的基础研究并用流变力学的观点解析和处理实际的岩土工程问题,取得了丰硕成果,使岩石流变力学的研究和工程应用在中国得到了长足的进步。

1.3.1 岩石蠕变的基础理论

蠕变特性是岩石流变力学最重要的性质之一,是岩石流变学研究的最主要内容。岩石的蠕变特性对评价岩石工程结构的长期稳定性具有重要意义。

岩石蠕变是指在恒定应力作用下,岩石应变随时间发展而增长的现象。岩石的蠕变特性可以通过单轴或多轴压缩、剪切、扭转及弯曲等蠕变试验获得。试验表明,在恒定应力作用下,当岩石试件发生蠕变破坏时,其轴向应变随时间变化的蠕变曲线均表现为典型的三阶段变形形式[77-79],这三个阶段是根据应变率的变化规律划分的。

图 1.2 给出了典型的蠕变曲线和对应的应变率曲线。

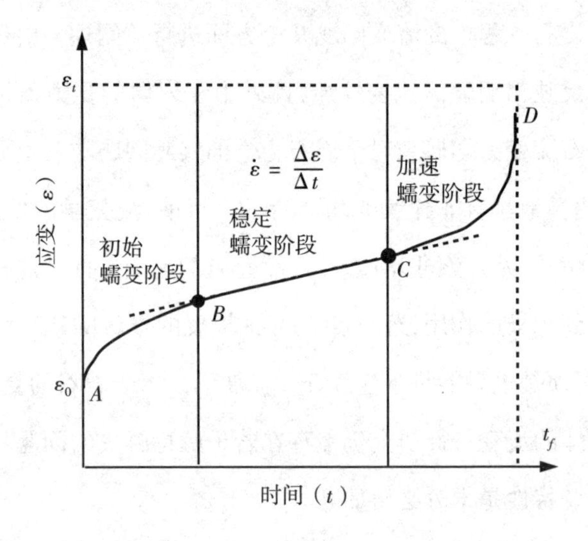

图 1.2　恒定应力作用下岩石材料典型的三阶段蠕变曲线

(1)衰减蠕变或者初始蠕变阶段(*AB* 段)　一旦加载到恒定应力后,产生瞬时应变,随后应变随时间呈对数形式增加。这一阶段产生的蠕变量取决于应力和岩石类型。在相当低的应力下,第一阶段的蠕变量可能占总蠕变的大部分。在这一阶段蠕变曲线的斜率逐渐变小,其初始应变率较高,但随后应变率随时间迅速衰减。如果在这一阶段卸载,应变不与应力同步恢复,总是落后于应力,却随时间逐渐恢复。具有这种特性的弹性变形称为弹性后效。

(2)稳定蠕变阶段或第二蠕变阶段(*BC* 段)　在初始蠕变之后,应变随时间逐渐增长,并不趋近于某一稳定值,蠕变曲线近似于一条倾斜直线。在这一阶段,应变速率大体保持恒定。若在此段内卸载,有不可恢复的塑性变形产生。

关于第二蠕变阶段是作为一个独特的阶段存在,还是仅仅作为初级阶段和第三阶段之间的一个过渡阶段,目前存在一些争论。比如,同一种岩石,受到的恒定荷载越大,第二阶段蠕变应变率越大,在第二阶段持续的时间也越短,第三阶段破坏出现也就越快。如果在载荷很大的情况下,几乎加载之后立即产生破坏而没有第二阶段。一般中等载荷,所有的三个蠕变变形阶段表现得十分明显。Brantut[80]指出第二阶段蠕变是经验式的定义,一般将第二阶段的应变率称为稳态蠕变应变率。即使第二阶段蠕变仅仅是第一蠕变和第三蠕变之间的一个拐点,脆性蠕变应变率的测量也是有用的,因为它定义了在任何实验中所达到的最小应变率。总的蠕变破坏时间跟第二阶段的蠕变应变率直接相关。

(3)加速蠕变阶段或第三蠕变阶段(*CD* 段) 经过一段时间后,蠕变进入第三阶段,这一阶段的特征是应变率在短时间内急剧增大,蠕变量迅速增加,达到 *D* 点时岩石试件发生破坏。

蠕变特性随岩石的性质、应力状态及环境条件不同而不同。而且每一个蠕变变形阶段的持续时间,同样都取决于岩石类型、荷载大小及环境条件等因素。除了图 1.2 所示的蠕变形式外,当应力水平较低时,多数岩石表现为黏弹性固体特性,变形随着时间而不断增长,但变形速率逐渐减小并最终趋于稳定,岩体并不会发生破坏,只会发生过渡蠕变和稳态蠕变,如图 1.3 所示。

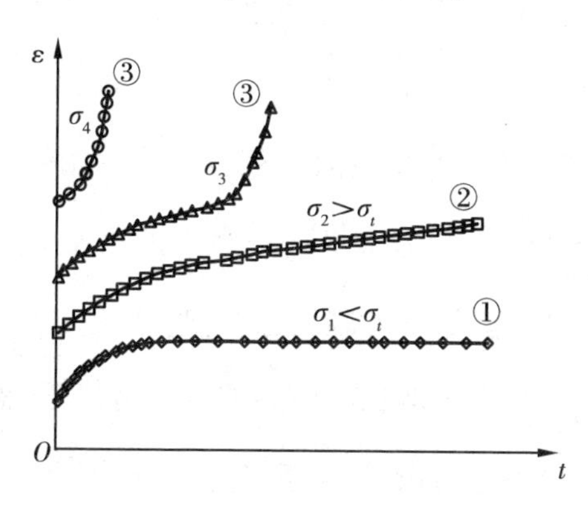

图 1.3 岩石蠕变全过程曲线

界定岩石材料是否会发生蠕变破坏的关键是岩石的蠕变极限应力,即岩石的长期强度[1, 81-84]。若应力水平小于长期强度,将产生衰减蠕变,即使时间继续增长也不会产生破坏,见图 1.3 中①线所示。反之,当作用在岩石上的应力大于其长期强度,将由蠕变变形而导致破坏,如图中③线所示。在相对低应力水平下,达到破坏的时间可能需要几周或者更长时间,但是在实际的室内试验条件下,试验的时间尺度有限,这对于蠕变试验效率来说是不合理的,所以通常会在恒定荷载下持载一定的时间后停止试验,导致出现图中②所示的情况。可以预见的是,只要有充分长的时间,在应力高于蠕变极限应力的条件下,均能产生蠕变破坏现象。崔希海等[82]提出岩石的长期强度应根据岩石进入横向稳定蠕变的阈值应力来确定,这样确定的长期强度要比根据岩石进入轴向稳定蠕变的阈值应力所确定的值小 19%~35%。Damjanac 等[85]通过试验及数值模拟分析认为岩石的起裂应力阈值可作为长期强度,且这个值占瞬时强度值的 40%~60%。Schmidtke 等[86]通过岩石静态疲劳试验得出了引起花岗岩试件逐步破坏的最小载荷是单轴抗压强度的 60%。

然而,Ito[87-91]对火成岩(花岗岩、辉长岩等)梁进行了 30 年的试验表明,即使在非常低的应力水平下,也一定会发生蠕变响应。Ladanyi[81]提出的阈值可能与体积应变开始膨胀有关。膨胀的萌生一般相当于应力水平的 40%~60%,当施加的应力水平超过给定应力状态下极限强度的 70%~80%时,裂缝的扩展趋于不稳定[92]。Heap 等[93]指出,膨胀开始时对应的阈值为 Darley Dale 砂岩峰值强度的 45%~65%。Ma[94]还认为,当应力水平低于强度的 50%左右时,Yucca 山凝灰岩的蠕变应变速率太低以至于是不可测的,超过这个应力,试样稳定地蠕变,近似遵循幂函数。所有这些结果表明,在阈值(临界点)以下,蠕变试验损伤是短期的、不显著,但当应力水平超过阈值时,则会发生破坏[95]。比较合理的观点是,在恒定载荷作用下,只要有充分长的时间,应力低于或高于弹性极限均能产生蠕变现象。

为了全面描述脆性蠕变过程,通常有必要对试件施加一系列的蠕变应力进行蠕变试验,这些应力占短期强度(p)的不同百分比,产生一系列不同的破坏时间和蠕变应变率。原则上,应该在高于导致裂纹扩展(启裂应力)的任何应力条件下进行脆性蠕变实验。然而,当应力接近这个下限时,实验过程可能会非常慢,耗时很长。常规试验时间一般持续几个小时最多几周,如果在蠕变实验过程中,施加的应力太低,这对于实验室研究的时间尺度来说是行不通的。因此,Heap[93]指出解决这一问题的一个实用的方法是使用损伤应力作为蠕变试验中施加的应力下限。Martin[96]指出岩石的损伤应力一般是短期峰值强度的 70%~90%。选择损伤应力作为下限的原因有两点:损伤应力可以根据体积应变曲线的拐点直接确定,其次,在损伤应力条件下,试验持续时间比较合理,试件一般在数小时内发生蠕变破坏,应力水平越高,试验时间越短。

1.3.2 岩石蠕变试验

自 20 世纪 30 年代起,关于岩石蠕变特性的试验研究一直十分活跃。对凝灰岩、页岩、煤岩、砂岩等软岩、大理石、石灰石、盐岩等中硬岩、花岗岩、安山岩等硬岩做了大量蠕变试验。Griggs[72]曾用石灰岩、页岩试件及某些矿物晶体(如云母)逐级增加压应力,得出蠕变曲线。Chugh[97]对石灰岩、砂岩及花岗岩进行了单轴拉伸及压缩蠕变实验,比较了单轴压缩和拉伸条件下的蠕变结果。Yang 等[98]对盐岩进行了大量单轴和三轴蠕变试验,定量分析了围压和轴向压力对盐岩应力应变行为随时间变化的影响。Bérest[99-101]对不同盐岩样品进行了极低偏应力下非常缓慢的蠕变试验。Mishra[102]对煤系页岩开展了全面的单轴、三轴、多级蠕变试验。Fabre[103]对三种黏土颗粒含量较高的岩石开展了蠕变试验,通过对试验后试样的薄切片进行微观结构分析,得出了碎裂和颗粒蠕变的证据。日本学者在岩石蠕变方面做出了突出贡献。比如,Ito 等[89-91]对多组火成岩(花岗岩、辉长岩等)梁开展了历时 30 年的长期蠕变试验。Okubo[78]通过研发新的试验机和计算机辅助测量系统,成功地获得了花岗岩、大理岩、砂岩、安山岩和凝灰岩等五种岩石试样和一种水泥砂浆的完整蠕变曲线。此外,Aydan 于 2017 年出版了 *Time-Dependency in Rock Mechanics and Rock Engineering* 一书,从试验、理论和工程实践等多方面详细阐述了岩石力学特性的时间效应。在国内,陈宗基院士率先开辟了土流变学、岩石流变学研究。孙钧院士所著的《岩石流变力学及其应用》是岩石流变力学研究的集大成之作。李永盛[104]采用伺服控制刚性试验机,对四种不同强度的岩石材料(粉砂岩、红砂岩、泥岩和大理岩)进行了单轴压缩蠕变和松弛试验,比较不同岩石材料之间流变特性的差异性。此外,刘雄[105]、曹平、徐卫亚、刘新荣、冯夏庭、姜谙男、杨圣奇[1]、范庆忠、徐涛等学者在岩石流变领域做了大量工作。与压缩条件下的蠕变试验相比,在拉伸加载条件下对岩石进行蠕变试验的研究很少。Aydan[79]给出了 ISRM 建议的确定岩石蠕变特性方法,其中建议采用巴西蠕变试验作为确定岩石拉伸蠕变特性的试验方法。赵宝云[106-108]应用自行设计加工的岩石单轴直接拉伸装置,对重庆红砂岩进行单轴直接拉伸蠕变试验。赵开[109]开展了日本田下凝灰岩在拉伸状态下的蠕变试验。

表 1.2 汇总了常见岩石在室温条件下单轴压缩和三轴蠕变试验结果。

表 1.2　几种常见岩石的蠕变试验结果

编号	岩石类型	试验类型	σ_c/σ_p (应力水平)	破坏时间/s	文献来源
火成岩					
1	Westerly granite	单轴压缩蠕变	0.95	2 040	Wu[110]
2	Westerly granite	单轴压缩蠕变	0.87	136	Kranz[111]
3	Inada granite	单轴压缩蠕变	0.93		Okubo[78]
4	Westerly granite	三轴压缩蠕变 $\delta_3=0.1$ MPa	0.8	22 900	Kranz[112]
	Westerly granite	三轴压缩蠕变 $\delta_3=0.1$ MPa	0.9	149	Kranz[112]

续表 1.2

编号	岩石类型	试验类型	σ_c/σ_p（应力水平）	破坏时间/s	文献来源
5	Westerly granite	三轴压缩蠕变 $\delta_3=50$ MPa	0.941	151 560	Kurita[113]
	Westerly granite	三轴压缩蠕变 $\delta_3=50$ MPa	0.983	69	Kurita[113]
6	火山玄武岩 basalt	三轴压缩蠕变 $\delta_{eff}=30$ MPa，$\delta_p=20$ MPa	0.968	270	Heap[114]
	火山玄武岩 basalt	三轴压缩蠕变 $\delta_{eff}=30$ MPa，$\delta_p=20$ MPa	0.787	270 000	Heap[114]
7	Kawazu tuff	单轴压缩蠕变	0.85	~100 000	Okubo[78]
	Kawazu tuff	单轴压缩蠕变	0.95		Okubo[78]
变质岩					
1	大理岩 granite	单轴压缩蠕变	0.92		Okubo[78]
2	Beishan granite	三轴压缩蠕变 $\delta_3=0$ MPa	$\delta_c/\delta_c d=1.168$	~5 h	Lin[115]
	Beishan granite	三轴压缩蠕变 $\delta_3=10$ MPa	$\delta_c/\delta_c d=1.28$	~18 d	Lin[115]
	Beishan granite	三轴压缩蠕变 $\delta_3=30$ MPa	$\delta_c/\delta_c d=1.578$	—	Lin[115]
3	Inada granite	三轴压缩蠕变 $\delta_3=40$ MPa	0.92	436 516	Takemura[116]
	Inada granite	三轴压缩蠕变 $\delta_3=40$ MPa	0.95	5 248	Takemura[116]
4	安山岩 andesite	单轴压缩蠕变	0.77		Okubo[78]
	安山岩 andesite	单轴压缩蠕变	0.87		Okubo[78]
沉积岩					
1	Tako sandstone	单轴压缩蠕变	0.95		Okubo[78]

续表 1.2

编号	岩石类型	试验类型	σ_c/σ_p（应力水平）	破坏时间/s	文献来源
2	Darley Dale sandstone	三轴压缩蠕变 $\delta_{eff}=30$ MPa, $\delta_p=45$ MPa	0.90	67	Baud and Meredith[117]
	Darley Dale sandstone	三轴压缩蠕变 $\delta_{eff}=30$ MPa, $\delta_p=45$ MPa	0.80	1200	Baud and Meredith[117]
3	Xiangjiaba sandstone	三轴压缩蠕变 $\delta_3=5$ MPa	0.89	111 024	Yang and Jiang[118]
4	Thala limestone	三轴压缩蠕变 $\delta_{eff}=20$ MPa, $\delta_p=10$ MPa	0.88	5 044	Brantut[80]

1.3.3 岩石蠕变机制

关于岩石蠕变机制的研究一直是岩石流变学一个重要课题。Scholz[77]研究了脆性岩石的蠕变行为，认为脆性岩石的蠕变现象主要是由于岩石微破裂过程的时间效应。Cruden[119]基于 Charles 的亚临界裂纹生长理论，提出蠕变主要是应力腐蚀作用使试样中原有裂纹亚临界生长造成的。陈宗基[120]根据试验观察，提出了岩石蠕变扩容的理论。刘雄[105]用试验验证了岩石蠕变本构方程，探讨了结晶岩石内部缺陷扩散的蠕变机制。王子潮[121]认为蠕变起因于流变、微破裂和摩擦滑动的联合作用，不同矿物蠕变机制的差异、蠕变不同阶段起主导作用机制的转化及岩石不同蠕变阶段具有不同力学性质等。谷耀君[122]在分析细砂岩蠕变试验结果时，利用激活应力和激活能的概念来解释其蠕变现象。范秋雁等[123]对南宁盆地泥岩进行一系列单轴压缩无侧限蠕变试验和有侧限蠕变试验来分析泥岩的蠕变特性，配合扫描电镜着重分析泥岩蠕变过程中细观和微观结构的变化并提出岩石的蠕变机制是岩石损伤效应与硬化效应共同作用的结果。陈晓斌[124]对风干的红砂岩粗粒土及饱水红砂岩粗粒土进行了压缩试验、剪切试验和压缩流变试验，研究了红砂岩粗粒土在不同受力状态、受力时间和不同湿度条件下的颗粒破碎程度，最终将红砂岩粗粒土的流变机制归结为粗颗粒的破碎效应和细颗粒的填充效应。茅献彪、缪协兴[65]发现膨胀岩在三轴和长期流变损伤破坏中出现部分韧性破坏的特征，发生颗粒细化的现象。

研究岩石蠕变机制旨在建立在荷载作用下岩石材料内部的微观物理力学过程与亚微观或宏观力学现象之间的关系，它以材料的结构本质为基础，对材料在一定的力场作用下引起的变形与流动特性，以及材料变形与破坏的时间效应进行理论研究，即对变形阶段性与强度特性进行解释。

目前关于岩石的蠕变机制大致有以下几种观点：

(1)晶粒位错的滑动蠕变　岩石作为一种多晶复合介质，如图 1.4 所示，可将材料的内部空间划分为三种类型：晶粒内部、晶粒界面和晶粒孔隙。刘雄[105]在《岩石流变学概论》一书中汇总了岩石的 5 种流变机制，即理论剪切流动、位错滑移流动、位错蠕变、扩散蠕变及弹性变形，其中详细介绍了位错滑移流动、位错蠕变、扩散蠕变这三种蠕变机制，这给广大岩石力学工作者提供了很好的借鉴和参考。

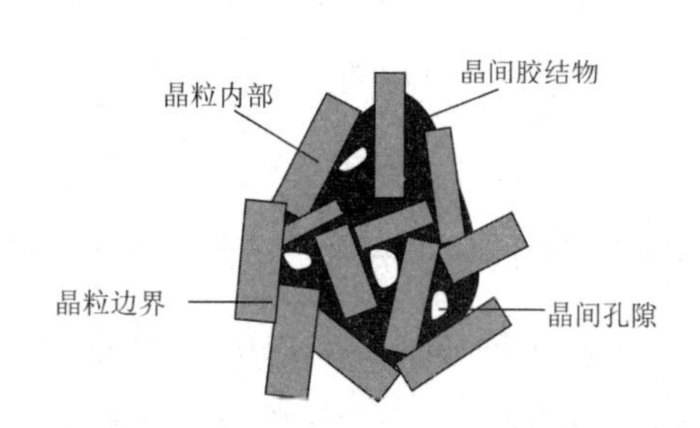

图 1.4　岩石结构示意图[105]

位错滑移：所谓位错在材料科学中，指晶体材料的一种内部微观缺陷，即原子的局部不规则排列(晶体学缺陷)。从几何角度看，位错属于一种线缺陷。位错的滑移是在外加切应力的作用下，通过位错中心附近的原子沿柏氏矢量方向在滑移面上不断地作少量的位移(小于一个原子间距)而逐步实现。位错滑移易于在面心结构和密排六方结构晶体材料中发生,对体心结构和金刚石立方晶体结构的情况更为复杂。若不存在粒子沉淀、晶粒边界、其他位错和溶解原子这类障碍,它可以在非常低的应力作用下发生。

扩散蠕变:扩散蠕变的本质是外力迫使晶体内的空位从一个渊点流向另一个渊点,外力可以驱动晶体内的点缺陷发生穿晶扩散或沿晶界扩散。

位错蠕变:在一定的温度与应力范围内,位错运动所引起的应变大于扩散蠕变所引起的应变。这种机制可用于解释低温蠕变。

上述这几种蠕变机制是在金属材料流变学成果的基础上借鉴而来,但是岩石作为一种复杂的多种矿物集合的地质材料,具有非均质、脆性、各向异性、不连续等与金属材料完全不同的特点。因此,岩石材料的蠕变机制应该也有与金属材料不同之处。

(2)压溶作用(pressure solution)　压溶作用,又叫溶解蠕变,是沉积岩中一种有流体参与的塑性变形过程。由于压力的作用,沉积岩中的一些颗粒(通常是方解石或石英)在高压应力区发生溶解,通过流体迁移,而在低压应力区沉淀,从而造成塑性变形,这种作用称为压溶作用。被溶出的物质,可以在岩石的张性裂隙中沉淀,形成同构造脉;也可以在被压溶颗粒的两端张性空间处沉淀,形成须状增生晶体:或沉淀于强硬矿物的平行于拉伸方向的两端负压空间,形成压力影构造。层状硅酸盐矿物及炭质等,由于其晶格易于沿面滑移而使晶内位错密度降低,因而在剪应力作用下是稳定的,不易被压溶,而常成为残留物,构成暗色矿物富集的微薄层。压溶作用可以使岩石在垂直压缩方向上缩短和平行拉伸方向上伸长,从而达到总体的变形。但粒状矿物在压溶作用下并没有发生晶内塑性变形,其晶格方位不会改变。

压溶作用包括三个相互联系的过程:颗粒-颗粒接触应力界面处的溶解、溶解物质从界面向孔隙空间的扩散输运,以及颗粒在应力较小的表面析出。这三个过程共同控制着岩石内部孔隙度的损失率和强度随时间的演化。压力溶解是沉积岩成岩压实变形的主要机制之一,文献[126-128]对其进行了较为详细的研究。对于应力诱发的溶解作用,目前有两种机制。一种是水膜扩散(water film diffusion),这包括在出现应力集中的颗粒接触处发生溶解,随后物质通过界面水膜扩散到孔隙流体中。如果在石英颗粒表面存在的水膜,尤其是在颗粒之间存在的黏土薄膜,能促进石英颗粒接触处优先溶解和溶解物质的扩散。石英颗粒接触处为应力集中点,在水的参与下,颗粒接触处发生溶解,溶解的 SiO_2 水化为 H_4SiO_4 分子,并以水膜为通道向周围孔隙运移。由于周围孔隙的流体压力小于压溶部位的压力,SiO_2 又可以硅质胶结物或石英次生加大的形式沉淀出来。另一种是塑性变形加自由面压溶(plastic deformation plus free-face pressure solution),从粒间接触的边缘溶解到孔隙流体中,并可能导致接触点的下切。这两种机制都是可取的,尽管没有确凿的证据表明 WFD 或 PD + FFPS 是解释压溶蠕变的唯一机制。相反,这两种机制可能在不同程度上对所观察到的响应做出贡献,主要受应力、温度、颗粒接触处以及孔隙流体中质量传输条件等特定条件的控制。Bérest 等[99]利用奥地利阿尔陶西盐矿内温湿度条件十分稳定的特点,对该盐矿进行了为期 2 年的多级蠕变试验。认为压溶作用可能是试样达到稳定状态时的主要变形机制,这对计算洞室或矿山的力学特性计算具有重要意义。Yasuhara 等[125]建立了模拟石英颗粒聚集体孔隙度降低的压溶成岩作用机制模型,表明高温高压环境会加速成岩过程的进行。

(3) 应力腐蚀作用(stress-corrosion)　亚临界裂纹扩展是岩石中最主要的与时间相关的行为,亚临界裂纹扩展参数对分析岩体的长期稳定性是非常重要的。在断裂力学中,当应力强度因子 K_I 超过某一临界值即 K_{Ic} 时,裂纹将以接近瑞利波速的速度扩展。因此,K_{Ic} 描述了岩石对动态裂缝扩展的阻力。在该临界值以下,原有裂缝应保持稳定。然而,这一简单的动态断裂准则通常被认为不足以描述大多数岩石的裂纹扩展。地壳岩石的一个常见特征是其抗裂性与变形发生的环境条件以及变形速率密切相关。在高温和有化学活性孔隙流体存在的情况下尤其如此。大量的实验证据支持这样一种观点,在应力强度因子小于 K_{Ic} 时,裂纹仍然会缓慢地、稳定地扩展,即亚临界裂纹扩展。裂纹的亚临界扩展过程是随载荷的增加而扩展的,只要载荷不再增加则裂纹停止扩展。韧性优良的材料,亚临界扩展过程较长。而韧性较差的材料,亚临界扩展过程很短,裂纹一旦发生起裂之后,载荷稍有增加即会发生失稳扩展,导致构件的快速断裂。因此裂纹的亚临界扩展过程也被称为"弹塑性撕裂"过程。

亚临界裂纹开裂在金属中得到了最广泛的研究,因为在航空航天工业中使用的高强度合金中,需要防止远低于屈服应力的失效。近年来,许多非金属材料,如玻璃、陶瓷、石英和多种岩石类型包括砂岩、石灰岩、花岗岩和玄武岩也进行了亚临界裂纹的研究,参看文献[129-133]。大量的实验和观测表明,应力腐蚀是导致亚临界裂缝扩展的主要机制[80]。应力腐蚀是指材料在静应力(主要是拉应力)和腐蚀的共同作用下产生的失效现象。应力腐蚀开裂发生在应力强度高于阈值但低于快速裂纹扩展所需的临界应力强度因子的腐蚀性化学环境中。环境的化学成分与裂纹尖端或附近的裂纹材料发生反应,降低了裂纹扩展所需的能量。因此,材料在某种腐蚀环境下不单单遭到了周围环境的腐蚀,还因为自身存在应力使得腐蚀速度加快。它具有以下几个特征:

1)典型的滞后破坏　从裂纹扩展到失稳破坏是一个跟时间有关的过程。材料在应力和腐蚀介质的共同作用下,存在裂纹萌生孕育阶段、裂纹扩展阶段,以及快速断裂阶段。材料的断裂时间与材料本身、腐蚀介质和应力水平有关,短则几分钟、长则可达若干年。若应力水平降低,断裂时间延长。

2)应力腐蚀裂纹有三种形式　即晶间型、穿晶型和混合型。晶间型即裂纹沿着晶界扩展;穿晶型即裂纹穿越晶粒扩展;混合型是前两种晶型的组合。应力腐蚀裂纹起源于表面,裂纹的长宽不成比例,相差几个数量级,裂纹扩展方向一般垂直于主拉伸应力的方向,裂纹一般呈树枝状。

3)裂纹扩展速率　对于裂纹扩展速率,应力腐蚀存在临界 K_{Iscc},即临界应力

强度因子要大于 K_{Iscc}，裂纹才会扩展，如图 1.5 所示。一般应力腐蚀都属于脆性断裂。材料在应力和腐蚀介质的共同作用下，应力腐蚀的裂纹扩展速率一般为 $10^{-6}\sim10^{-3}$ mm/min。根据亚临界裂纹扩展速率，将亚临界裂纹扩展过程分成三个阶段，如图 1.5 所示。第一个阶段，当 K_I 刚超过 K_{Iscc} 时，裂纹经过一段孕育期后突然加速扩展，lg(da/dt)与 K 基本呈线性关系。第二个阶段，当 K 增加到某一数值时，这时的裂纹扩展速度达到某一稳定值，裂纹扩展速率基本是一个常数，lg(da/dt)与 K 几乎无关，因为这一阶段裂纹尖端变钝；第三个阶段，当 K 继续增加到某一数值时，随着 K 增加，lg(da/dt)迅速增加，lg(da/dt)又明显地依赖 K_I，这是材料走向快速扩展的过渡区，当 K 增加到 K_{Ic}，材料发生机械失稳断裂。

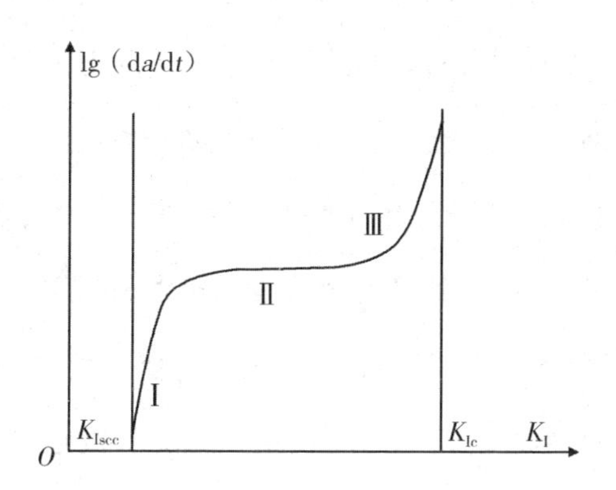

图 1.5 亚临界裂纹扩展的三个阶段[134]

4）低应力下的脆性断裂　当裂纹由成核生长和亚临界扩展发展到临界长度，此时 K_I 的数值也随着裂纹的扩展增长到 K_{Ic} 的数值。至此裂纹的扩展从稳态转入动态，出现快速断裂。应力腐蚀引起的断裂可以是穿晶断裂，也可以是沿晶断裂。如果是穿晶断裂，其断口是节理或者准节理，其裂纹有类似人字形或羽毛状的标记。

文献[134]认为应力腐蚀开裂在岩浆侵入和岩浆向上通过岩石圈运移过程中起着重要作用。应力腐蚀可能是地震前兆和余震等时变地震现象的一个重要过程。Atkinson[132]对地质材料的亚临界裂纹扩展的实验数据进行了综述，给出了地壳环境中一些关键参数对亚临界裂纹扩展的影响，这些因素包括应力强度因子、温度、压力、环境腐蚀剂的活性、微结构和残余应变，此外，还讨论了亚临界裂纹扩展极限的可能大小。

1.3.4 蠕变过程的裂纹扩展

岩石在蠕变过程中的裂纹扩展情况可以借助现代观测技术的方法进行直观呈现，比如：扫描电子电镜(SEM)、声发射技术、超声波速、CT 等。Kranz[111]通过 SEM 发现，蠕变变形和蠕变破坏的机制是微裂纹在原有缺陷处成核生长，在小于破坏强度的压力作用下，微裂纹逐渐增大，岩石试样在一定时间后发生破坏。声发射现象的观测起源于地震监测，现今广泛应用于岩石力学领域。Lei 等[135]发现在第一和第二蠕变过程中，AE 震源在岩石样品中以许多小簇的形式分布，而在第三蠕变过程中，声发射震源沿新生破裂面逐渐向局域化发展。综上所述，蠕变的三个阶段是由微裂纹相互作用引起的，微裂纹相互作用产生应变局域化，导致剪切断裂和宏观破坏。同样的，Heap 等[93]研究蠕变三个阶段中声发射震源位置的分布特征，得到了类似的结论。一般情况下，声发射行为在第一蠕变阶段中呈弥散分布；在第二蠕变阶段中呈局部化或“混合模式”分布；在第三蠕变阶段中局部化程度越来越高。在脆性蠕变过程中，一般可以观察到，AE 的累积数和累积声发射能量与应变随时间遵循相同的三阶段变化趋势，其中，声发射(和声发射能量)速率在第一蠕变阶段减小，在第二蠕变阶段近似保持不变，在第三蠕变阶段中增大[93]。Hirata 等[136]在三轴应力条件下对干花岗岩脆性蠕变过程中的声发射震源进行了定位。他们通过震源位置的互相关计算了声发射事件的演化空间分形维数，并报告了其分形维数随着蠕变的进行而减小。这表明，声发射源在空间上聚集和局部化随着蠕变的进行而增加，在第三蠕变阶段变化最大。陆银龙等[137]通过数值模拟的方法再现了蠕变过程中的声发射特征，在试样蠕变初期，试样内部有大量的微裂纹会发生扩展；在稳定蠕变阶段，岩石声发射活动降低；在加速蠕变阶段，岩石的声发射事件呈现出“突变式”的增加。吴池等[138]对不同应力水平下各时间点的岩盐内部损伤破坏部位进行空间定位,以此确定岩盐在蠕变过程中的损伤演化过程,当应力水平低于60%时,稳态蠕变时期损伤演化较慢,AE事件点相对瞬态时期较少;而高于60%时,稳态时期损伤演化会加快,表现为AE定位点相对瞬态蠕变时期较多,结果见图1.6。任建喜[139]进行了单轴压缩荷载作用下岩石蠕变损伤扩展特性的CT实时试验,得到了岩石蠕变损伤演化全过程中从裂纹萌生、伸长、增宽、分叉、断裂到破坏等各个阶段清晰的CT图像。此外,Eslami等[140]用连续波速测量法估算多孔石灰岩在单轴蠕变过程中的损伤。

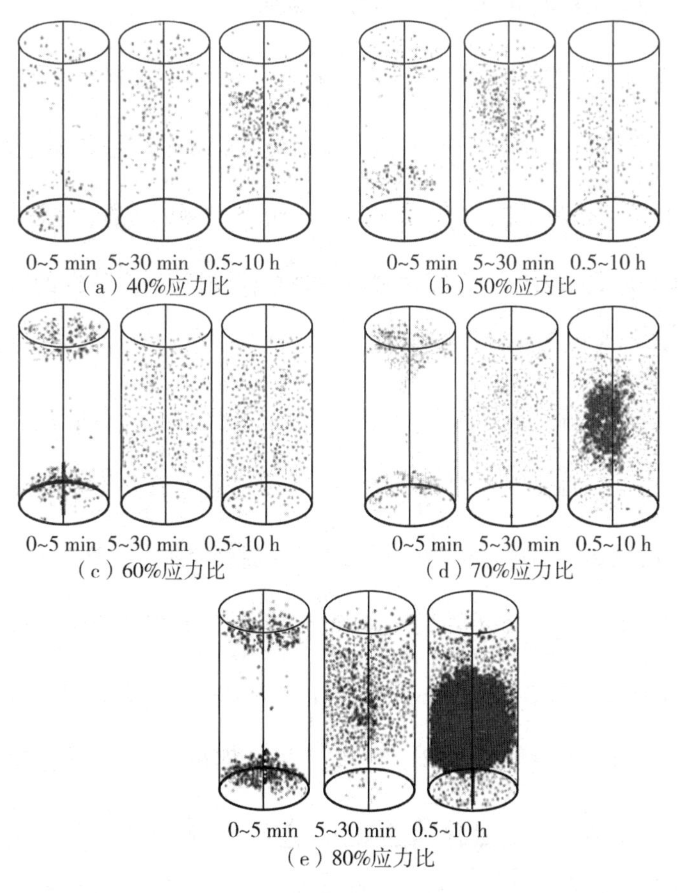

图1.6 声发射时空分布特征图[138]

上述的观测方法如声发射、CT、超声波波速变化等方法都是通过间接测量来探测蠕变过程中的微观结构变化。近年来,学者们尝试对岩石蠕变过程中的微观结构演化的直接测量进行了研究。比如,Heap 等[93]对 Darley Dale 砂岩蠕变后试样进行了微裂纹密度分析。与未变形材料相比,第三阶段蠕变开始时,裂纹密度增加了 24%~37%,裂纹各向异性增加了 3 倍。

综上所述,通过了解蠕变过程中损伤演化过程,有助于深入理解岩石宏观破坏的现象及呈现出的三阶段特征。

1.3.5 水对岩石蠕变力学特性的影响

构成地壳的大多数岩石甚至是深部岩石都含有大量的裂纹、孔隙、空隙等各种微观结构。岩石作为一种多孔介质,水和水溶液在岩石孔隙中普遍存在,甚至在几百米以下岩石中的孔隙是饱和的。随着水利、土木、矿山、交通、核能等领域的快速发展,蠕变作为岩石重要的力学特性之一,水对岩石材料蠕变特性的影响越来越受到学者和工程技术人员的重视。

目前,国内外学者对多种岩石开展了大量的关于水对岩石蠕变特性影响的试验研究。在国外,Griggs[72]详细测量了浸入水中雪花石膏及石灰岩在不同载荷下的蠕变变形,通过试验证明,孔隙水压力对某些材料的蠕变有非常显著的效应。Lajtal 等[50]对花岗岩进行了单轴蠕变试验,结果表明在 65%的应力水平下稳态蠕变速率比泡水前提高了 3 倍。Wawersik 和 Brown 对花岗岩和砂岩进行蠕变试验发现,其蠕变变形随含水率的增高而增大,与干燥试件相比,饱水试件的稳态蠕变率提高了大约两个数量级。日本学者 Koji 于 2001 年也研究了含水率对花岗岩蠕变特性的影响。Urai[141]在 *Nature* 杂志上发表文章,阐述了干燥及饱和盐岩在蠕变变形机制上的差异,指出干燥盐岩的蠕变是传统的位错蠕变行为,但含水盐岩的蠕变与再结晶和晶界溶质运移效应有关。在国内,周祖辉[142]通过对大庆泥岩岩芯进行三轴蠕变试验,发现泥岩的瞬时应变和总蠕变增量取决于含水率的大小,即含水率增加瞬时应变和蠕变变形量增大,且含水率增加将大大提高蠕变速度。孙钧在对脆弹黏性红砂岩试验后发现,饱和状态下红砂岩的长期抗压强度比干燥状态下降低了 53.7%,饱和状态下的抗拉强度比干燥状态下降低了 3.7%,并且饱和状态下岩石的破坏时间也比干燥状态下显著提前了[143]。李铀分别对花岗岩和红砂岩开展了风干及饱水状态下的蠕变特性,结果表明,饱水后花岗岩和红砂岩的长期强度明显降低,蠕变速率和变形量明显增大[144,145]。周瑞光对不同含水率的糜棱岩试件进行三轴蠕变试验研究发现,糜棱岩力学性质与含水率之间存在密切关系。随着含水率的增加,糜棱岩的瞬时力学参数及与时间有关的力学参数大大降低[146]。李娜[147]对含辉橄榄岩在自然状态下与饱水状态下进行流变试验研究发现,含水率对岩石的蠕变特性的影响较大,岩石蠕变应变速率随着含水率的增加而增大。朱合华等[148]对干燥和饱水两种状态下的凝灰岩进行蠕变试验发现,干燥试样和饱和试样的极限蠕变变形量可以相差 5~6 倍,且饱和试样进入稳定蠕变阶段的时间明显提前。刘光廷等[149]对砾岩在干燥、泡水条件下的单轴蠕变试验对比发现,浸水后砾岩蠕变特性更显著。在干燥状态下,砾岩蠕变为瞬时弹性变形的 25%,而浸水后,蠕变增加为瞬时变形的 50%。黄小兰等[150]对不同含水条件下的大庆泥岩进行强度试验和蠕变试验,结果发现泥岩的弹性模量和单轴抗压强度随含水率的增加降低显著,而且泥岩的蠕变变形和稳态蠕变率随含水率增加而显著增大。沈荣喜等[151]对花岗岩、碳质页岩在干燥和饱水状态下的流变特性进行了试验研究,研究表明饱水后岩石的长期强度明显降低,流变速率和变形量明显增大。

另有学者尝试揭示水对岩石蠕变影响的机制,还有学者基于室内试验结果通过建立数学模型,分析含水率不同造成的蠕变速率差异、岩石黏塑性转化等。比如,韩琳琳等[154]通过干燥和饱水状态下灰岩、砂岩这两种岩石剪切蠕变试验结果的对比,探讨了含水率对岩石蠕变特性的影响,认为含水率增大,颗粒之间的润滑作用加强,黏聚力降低,相互作用的机会减少,从而提高了岩石蠕变能力。宋勇军等[152]对炭质板岩进行干燥与饱水状态下的蠕变试验,发现在蠕变变形方面,水对岩石黏弹性影响显著,对黏塑性应变的影响较小。杨彩红等[153]在不同含水状态的页岩三轴蠕变试验结果的基础上,通过分析蠕变模型参数得出了含水状态对岩石蠕变特性的影响规律。黄明[155]将瞬时弹性损伤和长期蠕变损伤变量引入到模型中,建立考虑含水损伤效应的蠕变本构方程;季明[156]结合湿度对灰质泥岩弹塑性变形以及损伤的影响,将湿度作为变量,在西原模型的基础上建立了湿度损伤黏塑性本构方程。

岩石孔隙中水的存在不仅影响岩石的力学行为,而且使水岩相互作用得以发生。从力学角度看,孔隙水压力的作用是降低了所施加的正应力,从而使岩石能够在较低的应力作用下破坏。从化学角度看,孔隙水对岩石变形的影响主要有两种方式:①由于孔隙水吸附在岩石内部孔隙表面,导致岩石表面自由能降低,从而起到削弱岩石的作用;②孔隙水还通过促进亚临界裂纹扩展来削弱岩石,大量的试验和观测证据表明,岩石亚临界裂纹扩展的主要机制是由应力腐蚀机制引起的既有裂纹和缺陷的扩展[132, 133]。目前对水岩作用下岩石亚临界裂纹扩展规律和断裂特性的试验研究尚少有报道。

应力腐蚀描述了化学活性孔隙流体(最常见的是水)与靠近裂纹尖端的应变原子键之间优先发生的流固反应。例如,在硅-水体系中,靠近裂纹尖端的桥键,即主要的应力支撑元件,被较弱的氢键所取代,从而在较低的应力水平下促进裂纹的扩展。研究表明,在各类岩石中,当裂纹尖端的应力强度增加时,裂纹通过应力腐蚀传播的速度会增加[132,157-159]。在文献[160]中给出了裂纹扩展速度对含水率的依赖性。当环境由相对湿度30%的空气转变为液态水时,K_I 值相同的速度增加2~3个数量级。Kranz[161]对花岗岩在干燥和饱和状态下的静疲劳试验,研究发现含水率的增加会显著削弱岩石,饱和条件下的破坏时间比环境湿度条件下缩短了约2个数量级。日本学者Nara等[162-164]通过双扭试验和常位移荷载松弛的方法研究了湿度对砂岩和火成岩的应力强度因子和裂纹扩展速率的影响,结论表明,在温度相同的情况下,湿度增加能够明显加剧裂纹扩展速率并且基于临界裂纹的扩展速率提出了岩石长期强度的估算方法。曹平等[165,166]采用双扭试件,利用常位移松弛法,分别进行自然状态以及水岩作用下大理岩和混合岩的亚临界裂纹扩展试验,结果发现同一应力强度因子水平,水作用下的岩石亚临界裂纹扩展速度要快。应力腐蚀过程被认为是最可能导致地震破裂前通常出现的时间依赖性前兆裂缝、位移和加速地震活动的机制。此外,岩石中的应力腐蚀开裂也被用来解释节理的生长和发展,在评估地下洞室的稳定性时非常重要。

上述试验成果研究了不同类型岩石在不同含水状态下的蠕变力学特性,众多试验结果已经证实,岩石的峰值强度、残余强度、长期强度、弹性模量随着含水率的增加均降低,而且随着含水率的增加岩石蠕变速率增大。可见,水的存在确实显著地改变了岩石的力学特性。因此,在实际工程中,充分了解水对岩石力学特性尤其是蠕变特性的影响是十分必要的,这将对评价岩石工程的长期稳定性具有重要的实践意义。

1.4 现有研究存在的不足

(1)虽然国内外学者在水对岩石力学性质的影响方面开展了大量研究,但绝大部分是针对含水率或者饱和度对岩石强度特性和变形特性的影响开展的。与抗压强度相比,关于拉伸、三轴条件下岩石强度的研究较少,关于水分含量对岩石各阶段特征应力影响规律的研究则更少。因此,广泛开展单轴、三轴压缩及拉伸试验,全面分析在不同加载条件下水对岩石的软化作用,是一个亟待解决的问题。

(2)工程岩体在长期服役过程中,往往受到各种荷载和周围环境的共同作用。通观目前国内外的研究状况,发现针对含水率或者不同含水状态岩石蠕变特性的研究相对较多,而关于考虑荷载与水共同作用下岩石蠕变特性的试验研究较少,而相关的数值试验研究则更少。因此,需要开展考虑荷载与水共同作用下的室内岩石蠕变试验,以及开展考虑荷载与水共同作用下岩石蠕变过程的数值试验研究,进而揭示荷载与水共同作用对岩石蠕变特性的影响规律和作用机制。

(3)目前常用的确定长期强度的方法,需要进行一系列不同荷载等级的蠕变试验,对试验结果的处理非常烦琐,这些方法耗费的试验时间较长,数据处理工作量很大。而且,由于长期强度的确定方法不同,得到的结果也各有差异,从而造成了对长期强度研究的欠缺。

(4)很多工程的现场观测数据表明围岩松动圈的形成具有时间效应。尽管松动圈的存在已经毫无争议,但是目前的松动圈理论还不能对松动圈形成的时间效应给以准确的解释。地下洞室一旦开挖,不仅破坏了原岩应力状态而且打破了原有的环境平衡,以往对影响松动圈形成的开挖扰动、爆炸爆破等因素关注较多,但对水汽、温度等环境因素关注不足。因此,有必要考虑环境因素比如水汽等对松动圈形成的影响,探索围岩松动圈的形成具有时间效应的源动力,从而为松动圈支护理论提供新思路。

1.5 主要研究内容及研究路线

综上所述,目前关于水对岩石瞬时和蠕变特性影响的规律和机制还不够全面。

考虑到工程岩体受到荷载和水共同作用的真实情况，本课题拟通过物理试验、数据分析和数值模拟相结合的方法研究荷载与水对岩石力学性质尤其是蠕变特性的影响规律和作用机制。在进行大量物理试验的基础上，通过对试验结果的深入分析进而归纳水对岩石力学特性的影响规律，并揭示荷载与水对岩石蠕变特性影响的耦合作用机制，最后，采用考虑应力-水-损伤耦合作用的数值计算方法，从水分迁移造成围岩力学性质弱化的角度揭示松动圈形成具有时间效应的原因。

本书研究的技术路线如图 1.7 所示。本书拟开展的主要研究工作如下：

(1)对不同含水率的岩石试件分别开展单轴压缩、三轴压缩及巴西劈裂试验，建立含水率与单轴强度、弹性模量、拉伸强度、黏聚力、摩擦角的定量关系，以及探究岩石的特征应力随含水率的变化关系。

(2)根据试验机的结构构造，设计和制作环境试验箱，以真实反映工程岩体受到荷载和水共同作用的真实情况。对受荷载与水共同作用的浸水试件开展单轴压缩分级加载蠕变试验，而对表面密封的干燥和饱水试件开展常规单轴压缩分级加载蠕变试验作为对照，建立应力与蠕变力学参数的关系以及探索新的岩石长期强度的预估方法，而后通过对比两种试验方式得到的结果，从而找寻荷载与水对岩石蠕变特性的影响规律。

(3)对初始含水率不同的岩石试件开展单级加载蠕变试验，建立初始含水率与蠕变力学参数的关系，从而分析初始含水率对浸水试件蠕变特性的影响规律。对初始饱水试件开展有限时间的蠕变试验，通过对比分析蠕变前后岩石吸水性能的变化，间接了解岩石在蠕变过程中的裂纹萌生扩展过程，结合浸水后岩样内部微观结构的变化，从而揭示荷载与水对岩石性质的耦合作用机制。

(4)采用数值计算方法模拟岩石在浸水条件下的蠕变过程，将试验结果与数值计算结果对比,初步验证数值方法的准确性。而后,对水汽环境中软岩巷道围岩松动圈的形成过程进行数值模拟研究,通过对比分析有无防水措施以及防水时间的早晚对隧道围岩松动圈形成的影响,进而揭示水对时变型巷道围岩松动圈形成的重要意义。

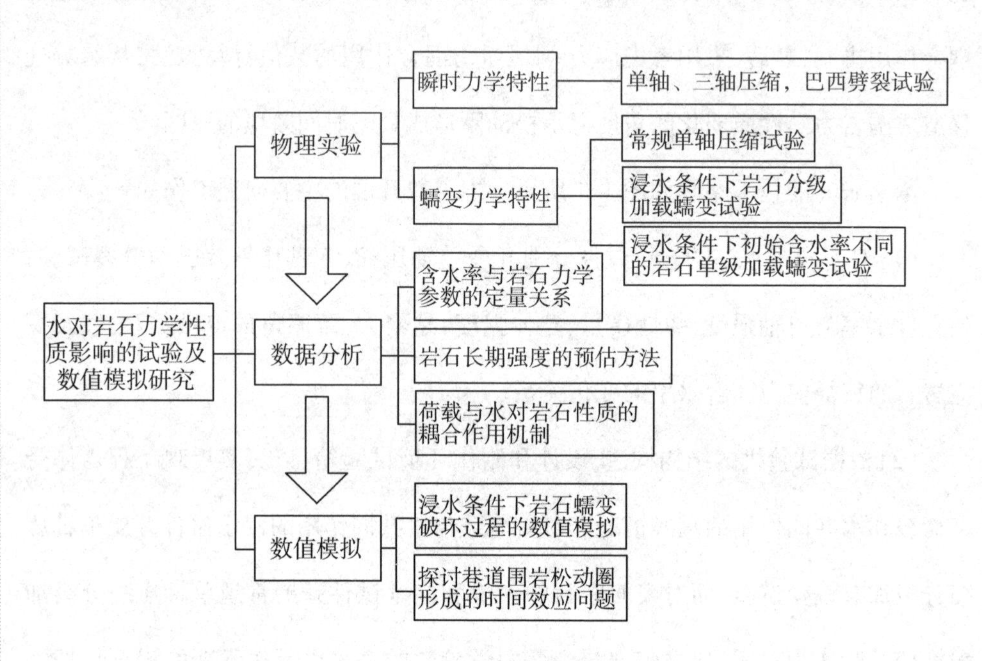

图 1.7　本书研究的技术路线

2

水对岩石瞬时力学特性影响的试验研究

2.1 概 述

在水对岩石基本物理力学性能影响方面，Hawkins and Mcconnell[13]通过对35组砂岩研究发现含水率与强度之间具有负指数关系，即随着含水率增加，强度和变形特性逐渐衰减。周翠英等[38]对不同吸水时间的软岩进行试验研究，发现软岩与水相互作用后，其抗压强度、抗拉强度及抗剪强度变化的定量表征关系服从指数变化规律。段宏飞等[167]研究了不同饱水时间条件下的砂岩抗拉强度软化的时间效应，结果表明抗拉强度随饱水时间的增加呈指数规律减小，岩样浸水前抗拉强度最大，随着饱水时间的增加抗拉强度呈指数规律减小；当饱水时间较大时，抗拉强度趋于某一稳定值。邓华锋等[168]研究了在饱水、风干过程中饱水度对砂岩的抗压强度和纵波波速影响的变化规律。蒋长宝等[169]对干燥及饱和状态的砂岩进行了单轴循环加卸载试验及声发射监测,结果表明饱和试件强度和滞回环数量均低于干燥试件,饱和试件的声发射能量远小于干燥试件,但宏观裂纹形成得更早。Zhang等[170]研究饱和度对粉砂岩强度、弹模、启裂应力和损伤应力阈值的影响。Yao等[171]研究发现随着含水率增大,煤岩中的峰值应力、弹性模量、应变软化模量、峰后模量降低。但闭合应力、启裂应力和损伤应力阈值不随含水率的增大而变化。唐鸥玲等[172]研究发现含水率对砂岩的渐进破裂过程存在促进作用,随着含水率的增加,砂岩的闭合应力、起裂强度、损伤强度和峰值强度均逐渐减小。

尽管目前含水率或饱和度对石力学效应影响方面的研究很多,但是研究内容较为单一,主要侧重在水对岩石强度、弹性模量等基本力学参数的弱化。与单轴压缩试验相比,关于水对岩石在拉伸、三轴条件下强度软化的研究较少。特别是含水率引起岩石各阶段特征应力变化规律的相关研究则更少。因此,广泛开展单轴、三轴压缩及拉伸试验,全面分析在不同加载条件下水对岩石的软化作用,是一个亟待解决的问题。

2.2 试验设备

本章的试验在中科院武汉岩土力学研究所研制的 RMT-150C 型岩石力学刚性伺服试验机上进行,如图 2.1 所示。该试验系统由液压动力源、三轴压力源、稳压装置、传感器、试验附件、手动控制器及信息采集系统组成。该系统试验功能齐全,操作方便。在进行不同类型试验时,只需要更换试验附件,即可完成单轴、三轴压缩试验、剪切试验及单轴直接拉伸、间接拉伸试验等。RMT-150C 岩石力学试验系统采用的是分布式控制结构,操作者可以进行干预,转换控制方式和试验参数,可靠性和灵活性大为提高。这套系统自动化程度高,试验参数选定之后,整个试验过程完全在计算机的控制下自动进行,试验完成后能自动卸载并退回到初始状态。自动采集的数据可与计算机实时交换,完全实现全过程数字化成图。

图 2.1 RMT-150C 岩石力学实验系统

2.3 试验材料

2.3.1 微观特性

砂岩是地壳浅表分布极为广泛的沉积岩,也是工程建设、地质矿山等领域经常遇到的一种岩土介质。与大理岩、花岗岩这些致密岩石相比,其孔隙率大,具有良好的吸水性能,含水率对砂岩的影响效应更为显著。与泥岩、页岩等软岩相比,其内部含黏土矿物较少,水对砂岩的水解膨胀等化学作用十分有限,而且取样较为容易。

本部分选择取自湖南长沙地区的红砂岩作为试验对象,通过肉眼观察,该岩石结构均匀一致,无层理、条纹和裂纹,完整性及均匀性良好,如图 2.2 所示。

图 2.2 红砂岩样品

尽管宏观上看该红砂岩样品均匀性良好,但借助于 X 射线衍射仪 (XRD)、扫描电镜 (SEM)和光学显微镜等技术手段,从微观尺度上可以发现岩石内部矿物成分、矿物含量及粒径大小等具有非均匀性。大体上将试验所用的红砂岩试件分为两种类型，分别称为Ⅰ类红砂岩和Ⅱ类红砂岩。由于文中试验类型较多，在后续章节中，具体试验采用哪一种红砂岩会给出说明。

(1) Ⅰ类红砂岩　根据XRD(见图2.3)、SEM(见图2.4)和偏光镜(见图2.5)测试结果可知：Ⅰ类红砂岩为细粒长石石英砂岩，细粒砂状结构，块体构造，主要矿物是由石英、长石、方解石和菱铁矿组成，黏土矿物极少。其中，石英占75%~80%，长石占10%~15%，铁质胶结物占2%~3%，钙、硅质胶结物占2%~3%，黏土杂基占1%~2%。

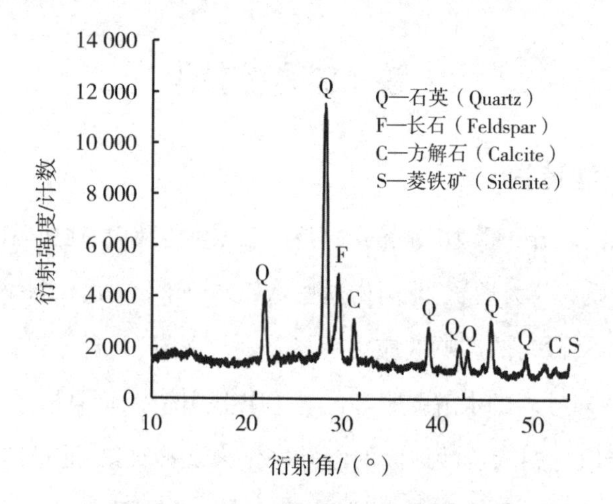

图2.3　Ⅰ类红砂岩X射线衍射图谱

图2.4　Ⅰ类红砂岩SEM图像(放大500倍)

图 2.5　Ⅰ类红砂岩偏光图像

（2）Ⅱ类红砂岩　图 2.6、图 2.7 和图 2.8 分别是Ⅱ类红砂岩的 XRD、SEM 和光学显微镜测试结果。Ⅱ类红砂岩仍为长石石英砂岩，但是与Ⅰ类砂岩相比，颗粒状构造不明显，主要成分是由石英、长石、方解石和黏土矿物组成。各矿物组成含量分别是：石英约为 65.6%，长石约为 22.7%，方解石约为 9.8%，黏土矿物所占不足 2%。

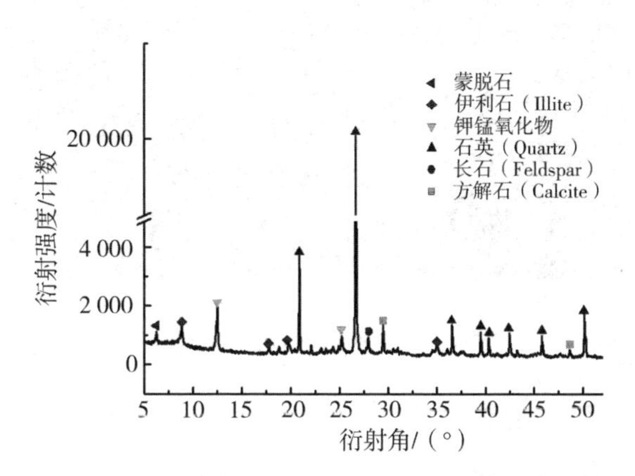

图 2.6　Ⅱ类红砂岩 X 射线衍射图谱

图 2.7　Ⅱ类红砂岩 SEM 图像(放大 500 倍)

图 2.8　Ⅱ类红砂岩偏光图像

2.3.2　基本宏观物理特性

微观特性的差别,必然导致宏观性质的不同。参考国际岩石力学学会（ISRM）试验规程及国家标准《煤与岩石物理力学性质测定方法》,对两类红砂岩试样的基本物理参数进行了测定,结果如表 2.1 所示。从表中可以看出,Ⅰ类红砂岩孔隙度大于Ⅱ类红砂岩,且吸水性较好、渗透性较高。

表 2.1 红砂岩的基本物理指标

岩性编号	干密度 ρ_d/(g/cm^3)	饱和密度 ρ_{sat}/(g/cm^3)	饱和含水率 ω_{sat}/%	孔隙度 η_n/%	相对密度 G_s	渗透系数/(m^2/s)
Ⅰ类	2.22	2.54	4.92	11.6	2.51	7.31×10^{-11}
Ⅱ类	2.38	2.47	4.10	6.7	2.55	6.26×10^{-11}

2.3.3 吸水特性

本试验的目的是考查水对岩石力学特性的影响,因此,了解红砂岩的吸水性是十分必要的。岩石吸水性是指在一定的试验条件下岩石吸入水分的能力。常以吸水率表示。岩石吸水率大小取决于岩石所含孔隙、裂隙的数量、大小及其张开程度。由于吸水率能有效地反映岩石中孔隙和裂隙的发育程度,因此,它也是评定岩石性质的一个重要指标。

参考《煤与岩石物理力学性质测定方法》,首先,将试件放入烘箱,在 105 ℃温度下烘 24 h,取出放入干燥器内冷却至室温后称重。然后迅速地将干燥试件浸没在充满蒸馏水的环境试验箱内,在浸水的前 10 h 内每隔 30 min 将试件取出,用湿布擦去表面水分后放在高精度的天平上称重,浸水 10 h 后每隔 1 h 用同样的方式称重,整个吸水试验过程持续 48 h。浸水一定时间后的岩石含水率可以通过下式计算:

$$w_t=(M_t-M_0)/M_0\times100\% \tag{2.1}$$

其中,M_t 为浸水岩石试件在 t 时刻的质量;M_0 为干燥岩石试件的质量。

图 2.9 给出了Ⅰ类红砂岩试件浸水后含水率随时间的变化关系。为了更好地呈现浸水前期过程,图 2.9 只显示了 10 h 的数据。从图中可以看出,Ⅰ类红砂岩的吸水过程可分为快吸水阶段、慢吸水阶段和稳定吸水阶段。第一阶段含水率迅速增加,持续约 20 min,这是由于Ⅰ类红砂岩的孔隙度较大(~12.6%)所致。在 20 min~4 h,含水率的增幅减小。在浸水 4 h 后含水率保持不变,最终试样的自然饱和含水率为 4.74%。

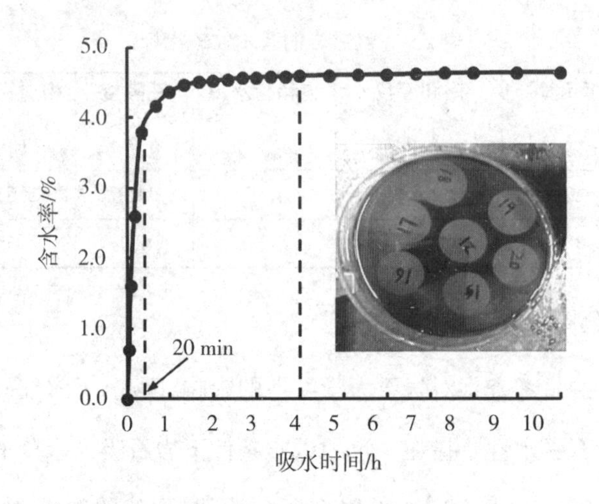

图 2.9 Ⅰ类红砂岩吸水曲线

图 2.10 是Ⅱ类红砂岩试件随时间变化的吸水过程曲线。从图中可以看出,在浸水的初始阶段(0~20 h),含水率快速增加,随后(20~96 h),吸水速度减缓,含水率增加幅度逐渐减小,最后,Ⅱ类红砂岩试件的含水率趋于稳定值 3.45%,即为自然饱和含水率。

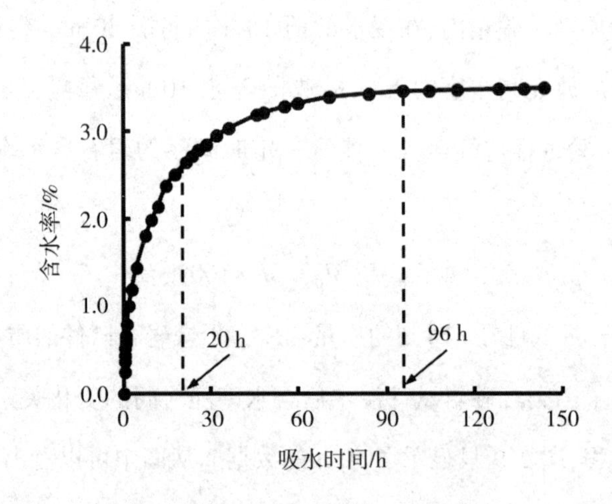

图 2.10 Ⅱ类红砂岩吸水曲线

Ⅰ类和Ⅱ类红砂岩吸水特性的差异归因于岩石内部结构和孔隙度的不同。Ⅰ类红砂岩内部呈粒状结构,颗粒与颗粒之间有明显的孔隙,宏观的孔隙度大于Ⅱ类红砂岩,因此有助于水在岩石内部迁移,导致更早达到自然饱和状态。

2.4　不同含水状态的红砂岩单轴压缩试验

本次试验所用的红砂岩试件均为直径 50 mm、高度 100 mm 标准试件。试验前对岩样外观进行观察，确定没有明显的节理、孔洞及裂纹等，以确保试验岩样之间在宏观上没有明显的差异。需要说明的是，为避免试验结果的偶然性，在相同试验条件下，每种情况分别取 3~5 个试件进行重复试验。

2.4.1　试验描述

不同含水状态下岩样的单轴压缩试验流程如下：

(1)用游标卡尺测量试件的尺寸，用电子天平测量初始质量。

(2)将试件放在 105 ℃的干燥箱中烘干 24 h，并在干燥器中冷却至室温，而后称量干燥试件的质量。

(3)取部分干燥试件浸没在蒸馏水中，依据图 2.9 和图 2.10 所示的红砂岩吸水特性曲线，估计试件达到目标含水率所需要的浸水时间。

(4)达到预估时间后，将试件取出，擦去表面水分，用电子天平测量初始质量，并计算此时的含水率。最终测量的两类红砂岩岩样的平均含水率见表 2.2。

表 2.2　试验方案

岩石类型	含水率
Ⅰ类红砂岩	0%、0.7%、1.6%、2.6%、3.5%、4.6%、4.7%
Ⅱ类红砂岩	0%、0.71、1.0%、1.26%、2.08%、2.97%、3.34%、3.37%、3.45%

(5)为了避免空气湿度的影响，将干燥和具有不同含水率的试件的表面进行打蜡和封膜处理。

(6)进行单轴压缩试验，采用位移控制加载，速率是 0.005 mm/s，轴向和横向采用 5 mm 的位移传感器，测定试件的轴向和横向位移，采用 1 500 kN 的力传感器，测定试件的轴向荷载。在试验过程中，计算机同步记录数据和自动进行试验数据的可视化处理,可以获取原始数据以及强度、峰值应变、变形模量、弹性模量和泊松比等基本岩石力学参数。单轴压缩试验图片如图 2.11 所示。

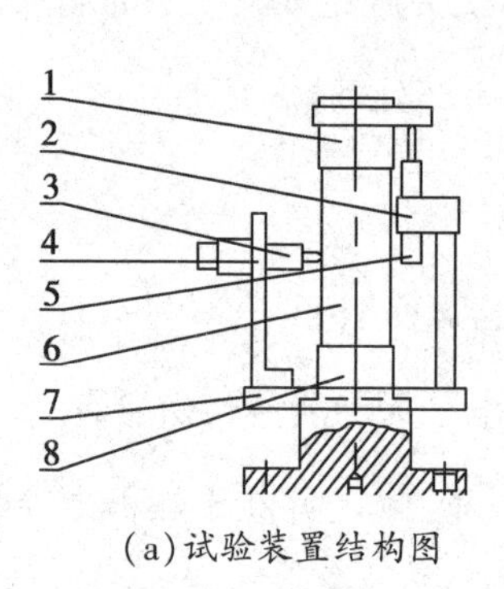

(a)试验装置结构图

(b)实物图

1—上压头;2—轴向位移传感器夹持器;3—横向位移传感器;4—横向位移传感器安装座;5—轴向位移传感器;6—试样;7—传感器安装板;8—下压头。

图 2.11　单轴压缩试验装置

(7)对破坏后的试件拍照,以观察破坏形态。

2.4.2　红砂岩应力-应变曲线

不同含水状态的Ⅰ类红砂岩轴向应力应变关系曲线如图 2.12 所示。不同含水状态的Ⅱ类红砂岩的应力应变关系曲线如图 2.13 所示。从图中可以看出,水对岩石试件的力学性能有显著影响,与干燥试件相比,随着含水率的增加,含水试件的峰值应力和峰值应变均有所减小。此外,随着含水率的增加,含水岩石试件在加载初期的非线性变形更加明显,但是在达到峰值应力后,最终仍呈现出典型的脆性破坏。

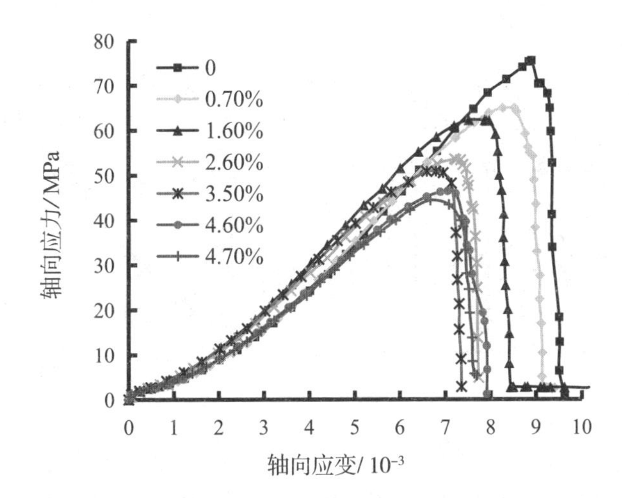

图 2.12　不同含水状态的Ⅰ类红砂岩试件应力-应变曲线

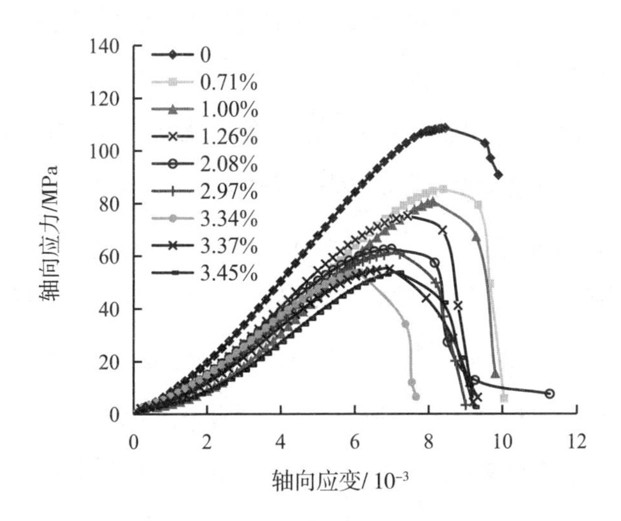

图 2.13　不同含水状态的Ⅱ类红砂岩试件应力-应变曲线

在岩石力学中，岩石全应力应变曲线上有四个特征应力，分别是闭合应力、启裂应力、损伤应力和峰值应力。这四个特征应力将应力应变曲线划分为 5 个典型的阶段，即压密阶段、线弹性阶段、裂纹稳定扩展阶段、裂纹不稳定扩展阶段和峰后破坏阶段。以Ⅱ类红砂岩为例，选取其中一个干燥红砂岩试件峰前的应力-应变曲线，详细说明各阶段的特征及四个特征应力值的确定方法（见图 2.14）。

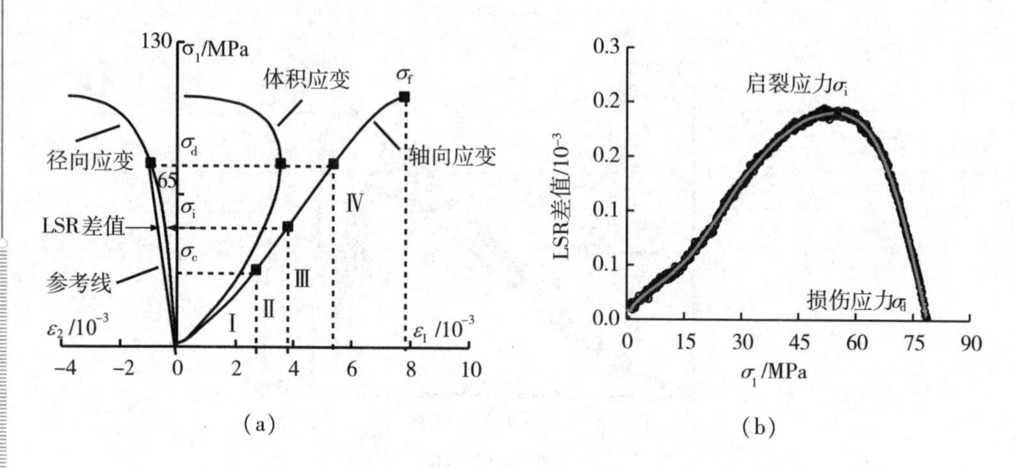

图 2.14　应力应变曲线阶段的划分及各阶段应力的确定

在图 2.14 (a)中,σ_c 为闭合应力,σ_i 为启裂应力,σ_d 为损伤应力,σ_f 为破坏应力。确定的步骤和方法如下:

在同一个坐标轴下绘制轴向应变-应力曲线、径向应变-应力曲线和体积应变-应力曲线。首先确定破坏应力 σ_f,对应于轴向应力-应变曲线(σ_1-ε_1)的极大值点。其次确定损伤应力 σ_d,对应于体积应变曲线(σ_1-ε_v)的拐点,是裂纹稳定扩展与不稳定扩展的分界点。而后确定启裂应力 σ_i,对应的是岩石线弹性阶段的上限,这里采用 Mohsen 和 Martin[173] 提出的 LSR 法(Lateral Strain Response):首先,在体积应变曲线(σ_1-ε_v)中确定损伤应力点 σ_d,并沿该点做水平线与径向应变曲线(σ_1-ε_2)相交;其次,连接该交点与原点画一条参考线,将两条线对应的横坐标值相减,即为 LSR 差值;最后,作 LSR 差值与轴向应力关系曲线,如图 2.14(b)所示,该曲线的最大值对应的应力即为启裂应力 σ_i。最后确定闭合应力 σ_c,对应于岩石线弹性阶段的最小应力,即在轴向应力-应变曲线(σ_1-ε_1)中从启裂应力 σ_i 作直线,直线段的下限即为闭合应力。

从图 2.14 可以看出,当四个特征应力确定以后,即可将峰前的应力应变曲线划分为 4 个阶段:Ⅰ. 压密阶段,该段曲线稍向上凹曲,岩石内部原有孔隙被不断压缩。Ⅱ. 线弹性阶段,该阶段曲线为斜直线。岩石在线弹性阶段微裂隙、空洞和弱节理面进一步被压缩,但不再进一步发展,此时应力水平不足以促使新的裂纹或者迫使原有裂纹发生扩展演化,卸载后可完全恢复。Ⅲ.裂纹稳定扩展阶段,该阶段的曲线偏离直线,出现塑性变形。岩石在这一阶段出现细微的开裂,随应力增大,数量增多,表征着岩石的破坏已经开始,岩石的结构和性质并无大的改变。Ⅳ.裂纹不稳定扩展阶段,该段曲线向下弯曲,岩石内部岩裂纹形成速度增快,密度加大,出现不可逆的变形,微破裂的发展出现了质的变化,应力保持不变,破裂仍会不断地累积发展。

为了深入探讨不同含水状态下红砂岩的力学响应,含水率和各个岩石力学参数的关系将在2.4.3及2.4.4中作详细分析。

2.4.3　含水率与强度和弹性模量的关系

为了定量表示含水率与单轴抗压强度和弹性模量的关系,根据所获得试验数据,利用最小二乘法进行数据拟合,可建立相对应的关系,如图2.15~图2.16所示。

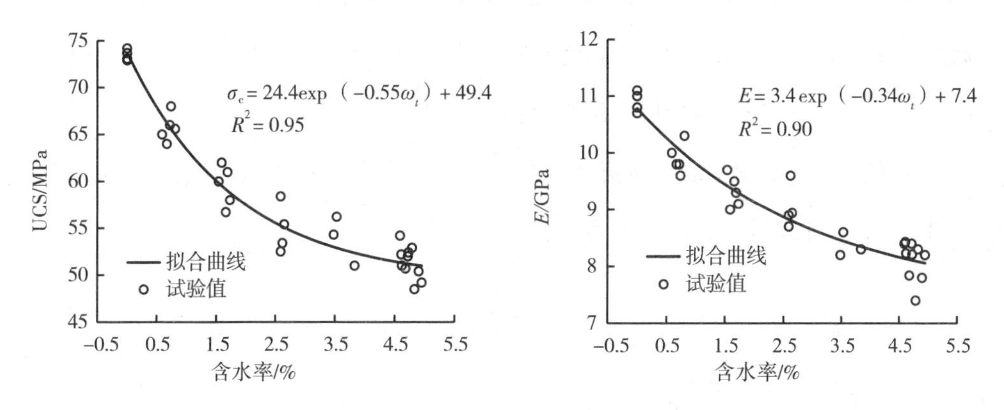

图2.15　Ⅰ类红砂岩的单轴抗压强度、弹性模量与含水率的关系

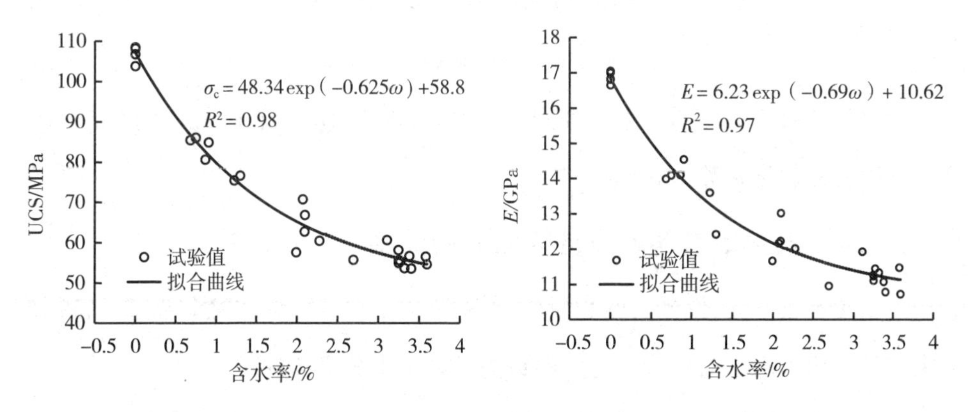

图2.16　Ⅱ类红砂岩试件的单轴抗压强度、弹性模量与含水率的关系

从图中可以看出，Ⅰ类和Ⅱ类红砂岩的抗压强度和弹性模量均随含水率的增加而逐渐降低，基本符合负指数衰减的变化规律。抗压强度与含水率的关系可按照下式进行拟合：

$$f=a\exp(-b\omega)+c \tag{2.2}$$

其中，a、b 和 c 是常数。当 $\omega=0$ 时，上式退化成 $f=a+c$，b 指的是岩石力学参数随着含水率增加而衰减的速率。

对于Ⅰ类红砂岩来说：

$$\sigma_c=24.4\exp(-0.55\omega)+49.4 \tag{2.3}$$

$$\varepsilon=3.4\exp(-0.34\omega)+7.4 \tag{2.4}$$

在岩石力学中，通常用软化系数表示岩石受水影响的弱化程度。岩石软化系数是指水饱状态下的试件与干燥状态下的试件（或自然含水状态下）单向抗压强度之比。它是判定岩石耐风化、耐水浸能力的指标之一。

Ⅰ类红砂岩平均干燥抗压强度是 73.9 MPa，平均饱和抗压强度是 51.4 MPa，经计算，Ⅰ类红砂岩的软化系数为 0.696。

$$R_c=\frac{\sigma_{c(sat)}}{\sigma_{c(dry)}} \tag{2.5}$$

对于Ⅱ类红砂岩来说：

$$\sigma_c=48.34\exp(-0.625\omega)+58.8 \tag{2.6}$$

$$\varepsilon=6.23\exp(-0.69\omega)+10.62 \tag{2.7}$$

Ⅱ类红砂岩的平均干燥饱和抗压强度是 107.1 MPa，饱和抗压强度是 55.5 MPa。Ⅱ类红砂岩的软化系数为 0.52。

2.4.4 含水率与各阶段特征应力的关系

由于含水率不同，红砂岩的力学性质存在很大差异。通过确定各阶段特征应力来定量分析含水率与红砂岩力学参数的关系是十分必要的。

图 2.17 是Ⅱ类红砂岩试件的各阶段特征应力随含水率的变化曲线（每一组含

水状态,分别取3~5个样本)。从图中可以看出,各阶段特征应力均随着含水率增大而逐渐降低。比如,当含水率$\omega=3.45\%$时,红砂岩试件的平均闭合应力、启裂应力、损伤应力和破坏应力分别是干燥状态下的22.3%、22.4%、36.6%和50.2%,降幅分别是77.7%、77.6%、63.4%和49.8%。

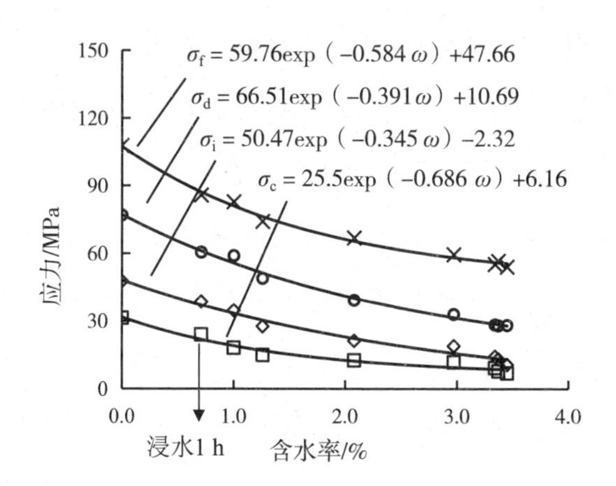

图2.17　各阶段特征应力与含水率的关系

各特征应力与含水率的变化关系可以用负指数函数描述,如

$$\sigma(\omega)=a^{*}\exp(-b^{*}\omega)+c^{*} \tag{2.8}$$

其中,ω是含水率;a^{*},b^{*}和c^{*}是常数。在干燥状态下,即$\omega=0$时,方程退化成$\sigma(\omega)=a^{*}+c^{*}$。在饱和状态下,各特征应力$\sigma(\omega_{sat})$;$a^{*}$和$b^{*}$的大小表示各特征应力随含水率增加而衰减的速率。

各特征应力对应的a^{*},b^{*}和c^{*}这三个参数的拟合结果见图2.17。从图中可以看出,破坏应力和闭合应力对应的b^{*}值分别是0.584和0.686,大于损伤应力($b^{*}=0.391$)和闭合启裂应力($b^{*}=0.345$)。这说明,红砂岩的强度及在初始的闭合阶段对水更加敏感。

正如图2.9所示,含水率的大小取决于浸水时间的长短。因此从某种程度上来说,红砂岩的力学性质与浸水时间存在一定的联系。值得注意的是,在短时间内,各特征应力的降幅十分显著。比如:与干燥试件相比,仅浸水1 h后试件的含水率$\omega=0.71\%$,闭合应力σ_c从31.3 MPa降到24 MPa,降幅为23.4%,占饱和状态下总降幅的 30. 1%;启裂应力 σ_i 从 47. 7 MPa 降低到 38. 7 MPa,降幅为 19%,占总降幅的 24. 5%;损伤应力 σ_d 从 77. 0 MPa 降低到 60. 5 MPa,降幅为 21. 3%,占总降幅的 33. 6%;破坏应力 σ_f 从 107. 8 MPa 降低到 54. 1 MPa,降幅为 20. 4%,占总降幅的 41%。在短时间内造成各特征应力急剧弱化的原因是因为本实验所用红砂岩的孔隙率较大,水分能够迅速从岩石表面迁移岩石内部,导致含水率在短时间内迅速增大,浸水 1 h 的试件含水率 ω=0. 71%占饱和含水率的 20. 6%。目前的研究仅侧重含水率与岩石强度、弹性模量等力学参数的关系,但忽略了时间与岩石力学行为的联系。在实际岩体工程比如边坡降雨、水库蓄水等,高孔隙率岩石遇水的初始几个小时或者几天对其稳定性的影响是至关重要的。

图 2. 18 是红砂岩的各特征应力与峰值应力的比值随含水率的变化曲线。从图中可以看出,各应力比随含水率的增大而逐渐减小。当试件的含水率 ω 从 0 增加到 2. 08%,各应力比显著降低,比如:σ_c/σ_f 从 0. 291 降低到 0. 189,降幅为 35. 1%,占总降幅的 63. 1%;σ_i/σ_f 从 0. 443 降低到 0. 318,降幅为 28. 2%,占总降幅的 51%;σ_d/σ_f 从 0. 714 降低到 0. 587,降幅为 17. 8%,占总降幅的 65. 4%。当含水率 ω 从 3. 34%增加到 3. 45%,各个应力比仅略有减小。比如,σ_c/σ_f 从 0. 17 降低到 0. 13、σ_i/σ_f 从 0. 26 降低到 0. 20,σ_c/σ_f 几乎不变。

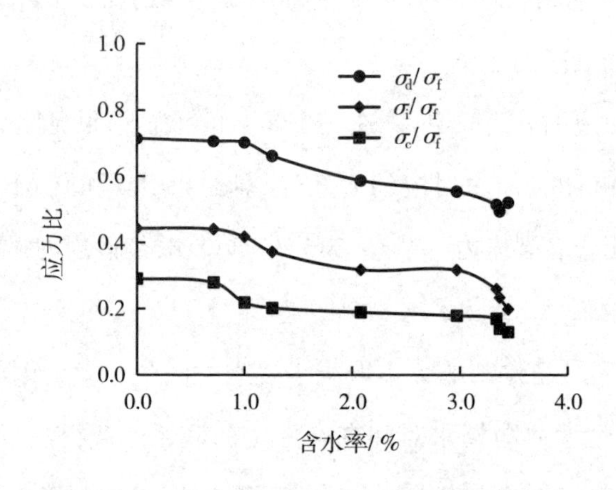

图 2. 18　应力比与含水率的关系

图 2.19 给出了启裂应力 σ_i 与闭合应力 σ_c 之差与含水率的变化关系。从图中可以看出,该应力差随含水率的增加而减小。应力差越小说明应力应变曲线上对应的直线段越短。这说明随着含水率的增加,红砂岩线性特征减弱,非线性特征增强。当含水率 ω 从 0 增加到 2.97%,应力差从 16.4 MPa 降低到 7.1 MPa,降幅为 56.6%;然而,当试件接近饱和状态时,其应力差仍然降低,但降低幅度减弱,比如,当 ω 从 3.34%增加到 3.45%,应力差从 5.0 MPa 降到 3.7 MPa,降幅为 25.6%。应力差的降低正是红砂岩在水的作用下发生的力学性质软化的重要特征。

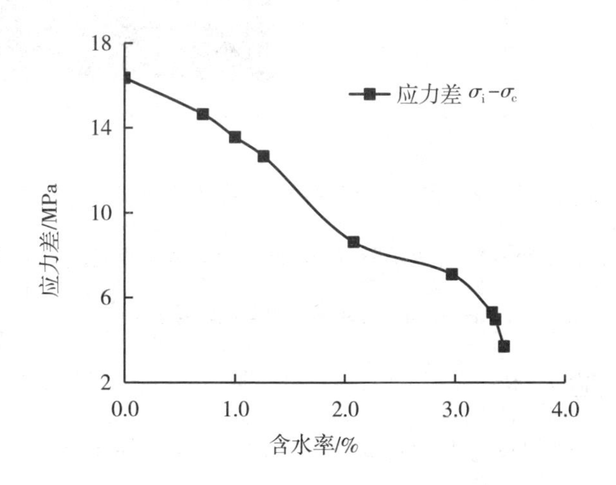

图 2.19 应力差 $\sigma_i-\sigma_c$ 与含水率的关系

2.5 不同含水状态的红砂岩巴西劈裂试验

图 2.20 是巴西劈裂试验的装置图。采用 RMT-150C 试验机进行岩石巴西圆盘的间接拉伸试验时,试验所用试件的尺寸为直径 $\Phi=50$ mm,长度 $L=30$ mm。将经过加工的圆盘状试样,放置于上下垫块之间,并在试样与上下垫块板之间各放置一根直径为 1 mm 的硬质钢丝作为压条,压条位于与试样端面垂直的对称轴面上,其目的是将施加的压力变为线荷载,以使试样内部产生垂直于上、下荷载作用方向的拉应力,使试样因拉应力而破坏。

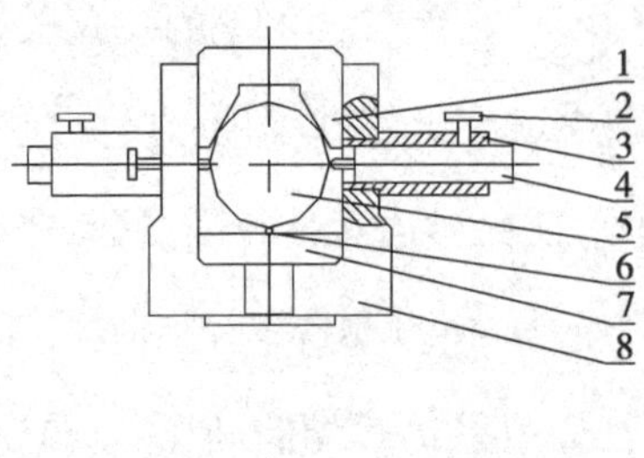

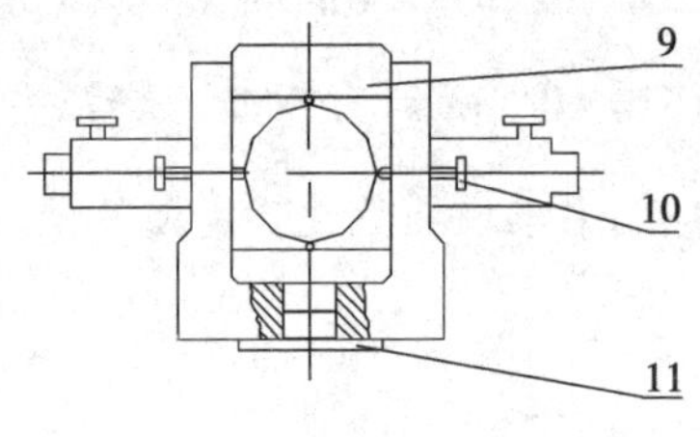

(a)试验装置结构图

(b)实物图

1—定位块;2—锁紧螺钉;3—传感器安装套;4—横向位移传感器;5—试样;

6—压条;7—下垫块;8—安装体;9—上垫块;10—定位螺钉;11—定心块。

图 2.20 巴西圆盘劈裂试验装置

2.5.1 试验描述

选用第Ⅱ类红砂岩进行巴西圆盘劈裂试验。将干燥后的红砂岩试样分别浸水不同时间,从而得到了不同含水状态的红砂岩试样。不同含水状态的红砂岩试件的制备与本章 2.4 单轴压缩试验相同。在巴西劈裂试验中,共制备六组含水状态的红砂岩试样,分别是干燥、饱和、及含水率为 0.64%、1.45%、2.58%和 3.68%进行试验。

详细的试验流程如下:

(1)用游标卡尺测量试件的尺寸,用电子天平测量初始质量。

(2)将试件放在 105 ℃的干燥箱中烘干 24 h,并在干燥器中冷却至室温,而后称量干燥试件的质量。

(3)取部分干燥试件在真空饱和装置中饱和 4 h,最后在大气压状态下浸水 4 h,取出后称重,计算得到强制饱和红砂岩的含水率为 4.14%。

(4)取部分干燥试件浸没在蒸馏水中,将试件分别浸水 30 min、3 h、12 h、62 h后将试件取出,擦去表面水分,称重。最终的含水率分别是 0. 64%、1. 48%、2. 58%和 3. 68%。

(5)为了避免空气湿度的影响,将干燥和具有不同含水率试件的表面进行打蜡处理。

(6)安装横向传感器,进行巴西圆盘劈裂试验。采用位移控制加载,速率是0. 01 mm/s,横向采用 5 mm 的位移传感器,测定试件的横向位移,采用 100 kN 的小力传感器,测定试件的轴向荷载。

(7)对破坏后的红砂岩试件拍照。

2. 5. 2　试验结果

图 2. 21 给出了不同含水状态红砂岩试件在拉伸条件下的横向应力-横向应变关系曲线。从图中可以看出,在加载初期,不同含水率下岩样应力-应变曲线差异性并不明显,而随着含水率的不断增加,不同含水率对岩石变形特征的影响得以显现。随着含水率的增加,红砂岩试件峰值拉伸强度明显下降,峰值应变随含水率的增大有所减小。

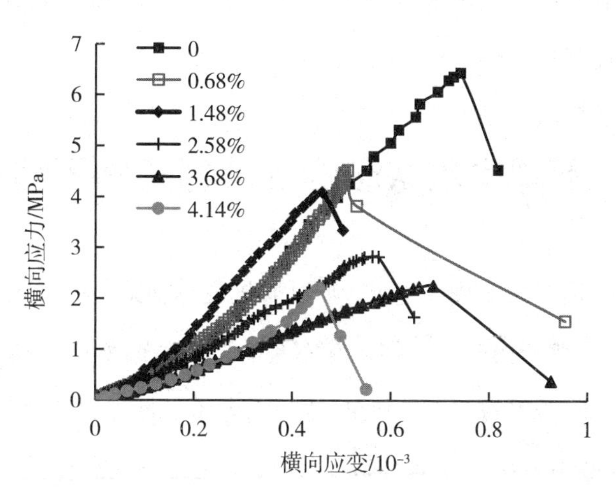

图 2. 21　不同含水状态红砂岩的横向应力-横向应变曲线

图 2. 22 给出了拉伸强度随含水率的变化关系。从图中可以看出,随着含水率增

加,红砂岩拉伸强度服从负指数形式逐渐减小。平均干燥拉伸强度是 6.24 MPa,平均饱和拉伸强度是 1.68 MPa,Ⅱ类红砂岩的强度降低了 73.1%,由此可见,从干燥到饱和状态,拉伸强度降低十分显著。

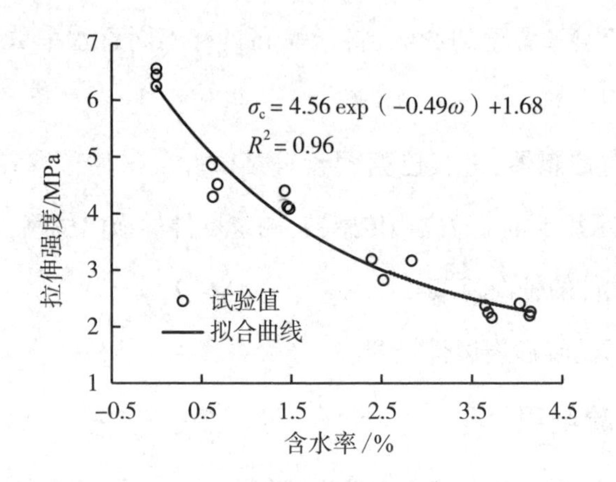

图 2.22 红砂岩拉伸强度与含水率的关系

拉伸强度急剧弱化的原因在于岩石含水后,由于水分子无抗剪能力,降低了晶粒间相互作用(粒间摩擦、咬合),而含水率越大,水分子层数越多,使得岩样在渐进破裂过程中所需外力减小;而岩样在外荷载作用下,不能将存在于岩体裂隙及孔隙中的水排出,则会产生孔隙水压力,此外还会在裂缝尖端产生拉应力,进一步降低岩石强度,从而加快了岩石渐进破裂进程。

2.6 不同含水状态的红砂岩三轴压缩试验

图 2.23 是三轴压缩试验装置图。该试验机在单轴试验的基础上,加上三轴试验装置和三轴压力源就构成了三轴试验系统。三轴室内采用了隔离套,因此试件与压力油完全隔离,既不需要充油放油,也不需要给试件加放油套,操作十分方便。三轴压力源与试验机连接在一起,通过增压器将压力增大后提供给三轴室。三轴试验的围压大小由计算机控制,能够按照指令自动保持稳定。在试验过程中,三轴围压是压力油通过油管进入三轴室而施加的,试件处在第二和第三主应力相等的

状态,是假三轴试验方式。

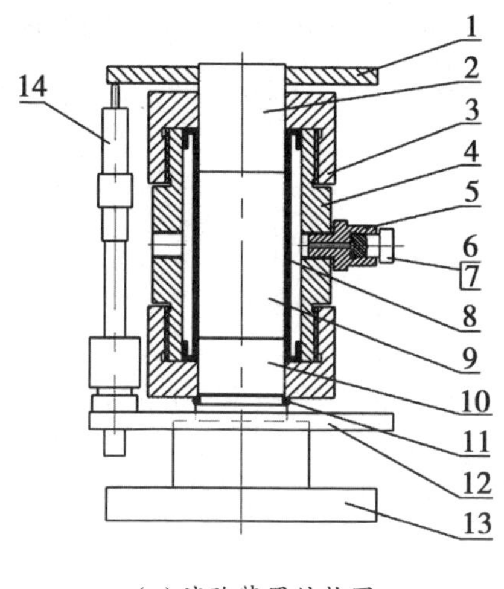

(a)试验装置结构图

(b)实物图

1—测量定位板;2—上压头;3—透盖;4—筒体;5—堵头座;6—堵头;7—O 型圈;8—隔离套;9—试样;10—下压头;11—垫圈;12—传感器安装板;13—承力座;14—位移传感器。

图 2.23　三轴压缩试验装置

2.6.1　试验描述

选取第Ⅱ类红砂岩进行三轴压缩试验。试验所用试件的直径为 50 mm,高为 100 mm。不同含水状态试件的制备及试验过程如下:

(1)用游标卡尺测量试件的尺寸,用电子天平测量初始质量。

(2)将试件放在 105 ℃的干燥箱中烘干 24 h,并在干燥器中冷却。

(3)取部分干燥试件在真空饱和装置中饱和 4 h,最后在大气压状态下浸水 4 h,取出后称重,计算得到强制饱和红砂岩的含水率为 4.10%。

(4)取部分干燥试件浸没在蒸馏水中,将试件分别浸水 30 mins、5 h、48 h 后将试件取出,擦去表面水分,称重。最终试验所用试件的平均含水率分别是 0.7%、1.6%、3.2%。

(5)为了避免空气湿度的影响,将干燥、饱和及非饱和试件的表面进行打蜡处理。

(6)将试件放入三轴室中,并调整好两个竖向位移传感器。

(7)首先对试件进行预加载,使试验机压头与试件上端面充分接触。随后,通过围压系统给试件施加至预定的围压值,分别是 5 MPa、10 MPa 和 20 MPa,到达预设的围压并待变形稳定后,采用力控制加载,以 0.5 MPa/s 的速率施加轴向应力,直至试件破坏。

(8)对破坏后的红砂岩试件拍照。

2.6.2 试验结果

图 2.24~图 2.26 分别给出了围压为 5 MPa、10 MPa 和 20 MPa 时不同含水状态红砂岩的偏应力-轴向应变关系曲线。

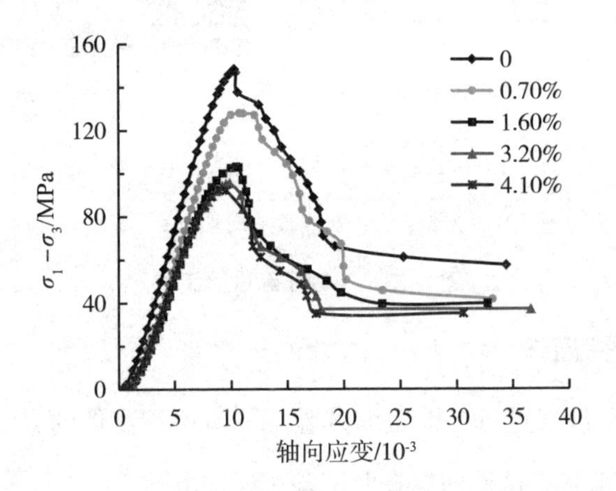

图 2.24 围压为 5 MPa 不同含水状态Ⅱ类红砂岩的偏应力-轴向应变曲线

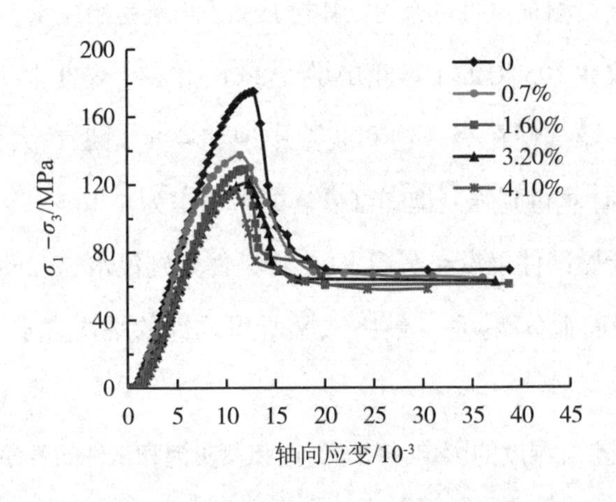

图 2.25 围压为 10 MPa 不同含水状态红砂岩的偏应力-应变曲线

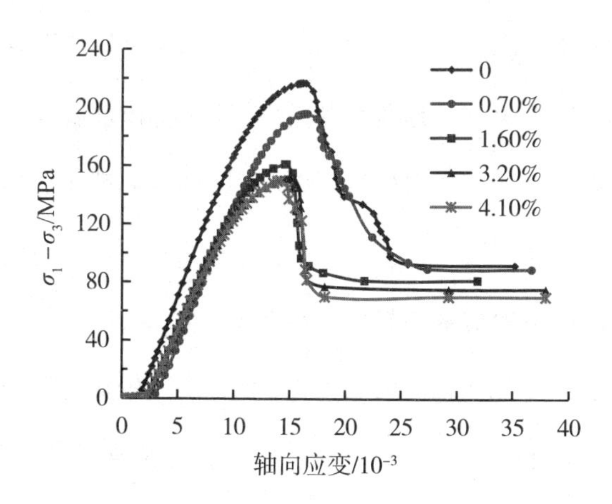

图 2.26 围压为 20 MPa 不同含水状态Ⅱ类红砂岩的偏应力-应变曲线

从图中可以看出,在相同围压条件下,三轴压缩强度随着含水率增加而减小。比如:以围压为 5 MPa 为例,干燥状态下,即 $\omega=0$,三轴压缩强度为 148.5 MPa,当 $\omega=1.6\%$时,三轴压缩强度降低到 103.3 MPa,在饱和状态下,即当含水率增加到 4.1%时,三轴压缩强度降低到 92.2 MPa,是干燥状态的 62%。此外,随着含水率的增加,试件的残余强度逐渐减小。在围压为 5 MPa 时,当 $\omega=0$,残余强度为 57.5 MPa,当含水率 ω 增加到 1.6%时,残余强度降低到 39.8 MPa,降低了 31%,当含水率增加到 4.1%时,残余强度降低到 35.2 MPa,是干燥状态的 61.2%,降幅为 38.8%。

另外,随着围压增大,相同含水状态的红砂岩试件的三轴压缩强度和残余强度随之增大。比如,在干燥状态下,当 $\sigma_3=5$ MPa 时,三轴压缩强度和残余强度分别是 148.5 MPa 和 57.5 MPa。当 $\sigma_3=10$ MPa 时,三轴压缩强度和残余强度分别增加到 174.6 MPa 和 70.2 MPa,分别是 $\sigma_3=5$ MPa 的 1.18 倍和 1.22 倍。当 $\sigma_3=20$ MPa 时,三轴压缩强度和残余强度是 216.6 MPa 和 91.8 MPa,分别是 $\sigma_3=5$ MPa 的 1.46 倍和 1.6 倍。在饱和状态下,当 $\sigma_3=5$ MPa 时,三轴压缩强度和残余强度分别是 92.2 MPa 和 35.2 MPa。当 $\sigma_3=10$ MPa 时,三轴压缩强度和残余强度分别增加到 117.6 MPa 和 58.1 MPa,分别是 $\sigma_3=5$ MPa 的 1.28 倍和 1.65 倍。当 $\sigma_3=20$ MPa

时，三轴压缩强度和残余强度是 149.9 MPa 和 70.1 MPa，分别是 $\sigma_3=5$ MPa 的 1.63 倍和 2 倍。由此可见，含水率的增加提高了围压对红砂岩试件三轴压缩力学性质的影响程度，含水率越高，红砂岩试件的三轴压缩强度和残余强度随围压增大而增加的幅度越大。

图 2.27 是不同围压对应的三轴抗压强度和含水率的关系。从图中可以看出，围压越高，三轴压缩强度越大。随着含水率的增加，三轴压缩强度服从负指数形式衰减。表达式与式(2.2)和式(2.3)一致，方程中的 b 值可描述衰减速率的快慢。通过拟合得到的拟合方程如图中所示，当围压为 5 MPa、10 MPa 和 20 MPa 时，b 值分别是 0.76、0.71 和 0.68，由此可见在不同围压条件下，含水率对三轴压缩强度的衰减幅度基本一致。

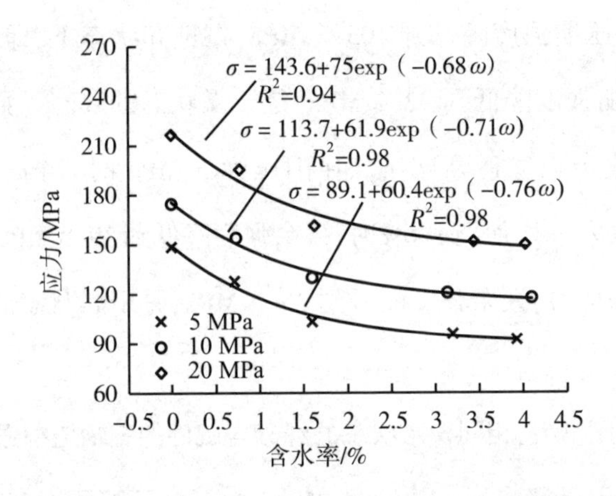

图 2.27　不同围压下Ⅱ类红砂岩三轴压缩强度与含水率的关系

图 2.28 是不同含水状态下红砂岩试件最大主应力和最小主应力关系。从图中可以看出，最大主应力和最小主应力的关系可以用线性方程拟合，拟合方程如图中所示。根据摩尔库伦强度理论可知，最大主应力和最小主应力的关系表达式如下：

$$\sigma_1=\sigma_3\tan^2(45°+\frac{\varphi}{2})+2c\tan(45°+\frac{\varphi}{2}) \tag{2.9}$$

其中，σ_1 和 σ_3 分别是最大主应力和最小主应力。c 为黏聚力，φ 为内摩擦角。因此，结合图 2.28 中的线性拟合方程，即可计算得到不同含水状态红砂岩的黏聚力 c 和内摩擦角 φ。

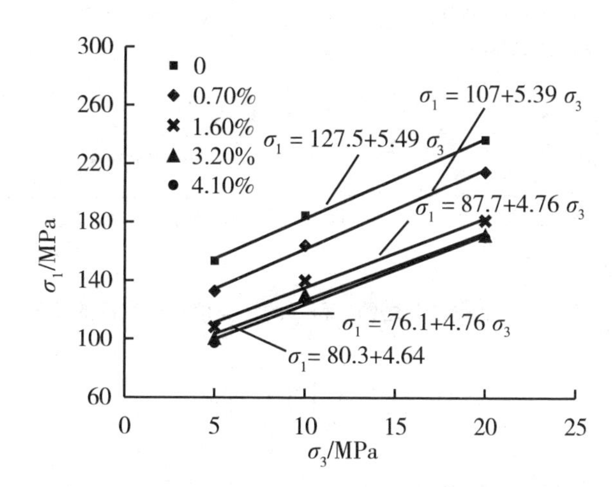

图 2.28 Ⅱ类红砂岩试件最大主应力和最小主应力的关系

图 2.29 是Ⅱ类红砂岩的 c 和 φ 的计算值与含水率的关系。从图中可以看出，随着含水率的增加，黏聚力和内摩擦角均呈现出逐渐减小的趋势。采用最小二乘法用负指数方程进行拟合，得到了如下方程：

$$c=17.4+9.8\exp(-0.77\omega) \tag{2.10}$$

$$\varphi=40.5+3.32\exp(-1.75\omega) \tag{2.11}$$

与内摩擦角相比，黏聚力随含水率增加而降低的幅度更大。比如，干燥状态下，红砂岩的黏聚力为 27.2 MPa，而饱和状态下，即 $\omega=4.1\%$时，黏聚力将为 17.45 MPa，是干燥状态的 0.64。然而对于内摩擦角来说，饱和状态的内摩擦角是 40.75°是干燥状态 43.8°的 0.93。随着含水率的增加黏聚力降低，说明水的存在降低了岩石内部相邻矿物颗粒表面分子之间的吸引力，颗粒间的相互作用减弱。需要说明的是，在内摩擦角与含水率的关系曲线中，第二个数据点偏离拟合曲线较多，这也许是由于岩石非均匀性造成的，也许两者之间服从指数之外的函数关系，对此，作者在后续的研究中将进行重复试验以明确内摩擦与含水率的关系。

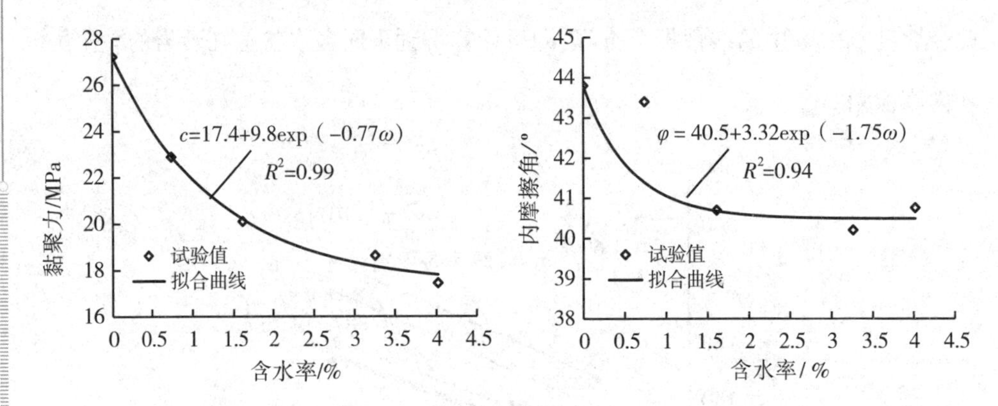

图 2.29　Ⅱ类红砂岩的 c 和 φ 的计算值与含水率的关系

2.7　讨　论

2.7.1　岩石的软化系数

在岩石力学中，将岩石软化系数定义为干燥抗压强度与饱和抗压强度之比。从定义中可以看出，软化系数在传统意义上仅仅考虑了水对岩石单轴抗压强度的弱化作用。上述章节中，详细介绍了Ⅱ类红砂岩的单轴、三轴及巴西劈裂试验结果，结果表明，随着含水率增加，岩石的单轴抗压强度、三轴压缩强度及拉伸强度均降低。在这里，作者将岩石软化系数定义扩展为干燥强度与饱和强度之比，从而对单轴、三轴压缩及间接拉伸条件下岩石强度的弱化情况进行综合比较。

结合单轴压缩和三轴压缩试验结果，从表 2.3 中可以看出岩石软化系数随围压增加而增大，围压从 0 增加到 5 MPa、10 MPa、20 MPa，软化系数依次是 0.52、0.596、0.647、0.657。导致这种结果的原因是，在围压条件下，岩石的裂缝扩展受到围压的抑制作用，抑制了岩石内水分的迁移，从而降低了水对岩石的影响作用。此外，围压增大，导致岩石内部的有效应力降低，从而削弱了水的力学作用。

表 2.3　不同试验条件下Ⅱ类红砂岩的软化系数

试验类型	软化系数
单轴压缩试验	0.52
三轴压缩试验	0.596(σ_3=5 MPa)、0.647(σ_3=10 MPa)、0.657(σ_3=20 MPa)
巴西劈裂试验	0.343

Ⅱ类红砂岩在间接拉伸条件下的软化系数是0.343,远远小于压缩条件下的软化系数。这说明,尽管岩石的单轴抗压强度(σ_c)和抗拉强度(σ_t)都随着含水率的增加而降低,但水分对岩石抗拉强度的降低作用大于抗压强度。这是因为岩石耐压不耐拉,在饱水岩石内部存在孔隙压力效应外,还会产生在裂缝尖端产生拉应力,从而进一步降低岩石在静载条件下的强度。

在进行岩石性质评价或岩石分级时,应该在广泛开展力学试验的基础上,全面考虑岩石强度的软化系数。建议岩石强度分级时应以最大饱和时达到的最小强度为依据。

2.7.2　岩石的破坏模式

图2.30和图2.31分别给出了干燥和饱水两种状态的Ⅰ类和Ⅱ类红砂岩试件的破坏形式。由图可见,Ⅰ类红砂岩试件在干燥状态下的破裂形式为典型的劈裂拉伸破坏,岩石表面有明显可见的轴向拉伸裂缝。在饱和状态下,试件呈现出压剪破坏,在岩石试件表面出现明显的剪切裂缝。Ⅱ类红砂岩试件与Ⅰ类红砂岩的破坏模式相似,干燥的Ⅱ类红砂岩试件表面不仅有轴向拉伸裂缝还出现了横向拉伸裂缝,饱和的Ⅱ类红砂岩试件表面出现多组剪切裂缝。

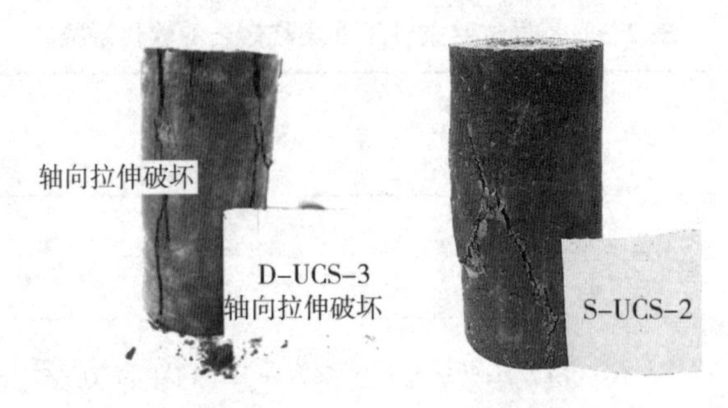

图 2.30　干燥和饱水状态Ⅰ类红砂岩的破坏模式

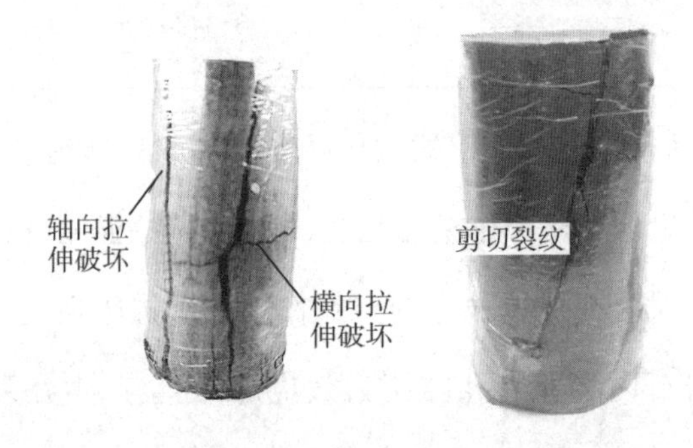

图 2.31　干燥和饱水状态Ⅱ类红砂岩的破坏模式

图 2.32 分别是干燥、饱和及非饱和状态红砂岩试件的破坏模式。从图中可以看出，破坏模式与含水状态的关系不明显，无论是干燥还是饱和状态的红砂岩试件，在圆盘中间都有一条明显贯通的拉伸裂缝。但是随着含水率的增加，主拉伸裂缝呈现出不规则的锯齿状。

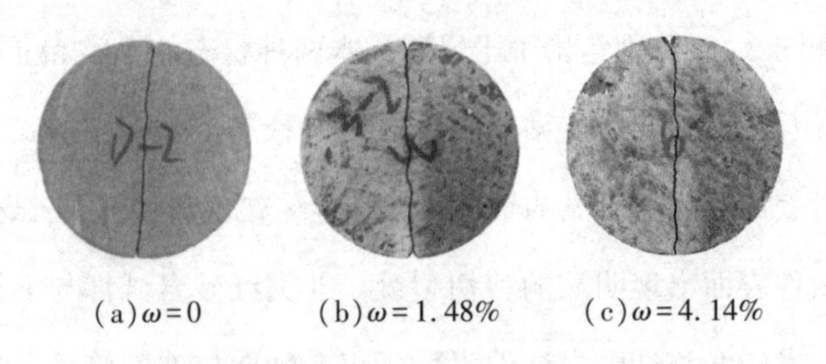

(a) $\omega=0$　　(b) $\omega=1.48\%$　　(c) $\omega=4.14\%$

图 2.32　拉伸状态下不同含水状态红砂岩的破坏模式

图 2.33～图 2.35 分别是 $\sigma_3=5$ MPa、10 MPa 和 20 MPa 条件下不同含水状态红砂岩试件的破坏模式。从图中可以看出，在相同围压条件下，随着含水率增加，

破坏模式由复杂的多组拉剪裂缝转变为单一剪切裂缝。以 $\sigma_3=5$ MPa 为例,在干燥状态下($\omega=0$),岩石试件表面出现多条横向裂缝和剪切裂缝,破坏模式较为复杂;当含水率增加到 1.6%时,表面仍然有可见剪切和拉伸裂缝;但是在饱和状态下,试件表面出现单一的剪切带,试件破坏成明显的两个楔形块体。此外,在相同的含水率状态下,随着围压增大,岩石试件表面的破坏裂缝趋于减小,破坏模式由复杂的拉剪破坏趋于单一的剪切破坏。

图 2.33 不同含水状态下的破坏形态($\sigma_3=5$ MPa)

图 2.34 不同含水状态下的破坏形态($\sigma_3=10$ MPa)

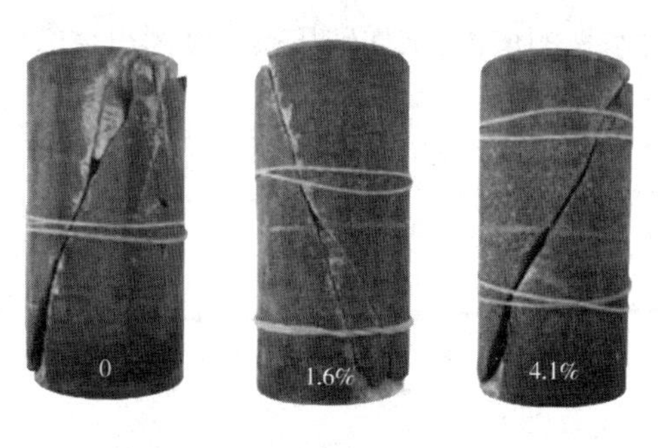

图 2.35 不同含水状态下的破坏形态($\sigma_3=20$ MPa)

综上所述,随着含水率的增大,试样破坏模式逐渐由劈裂破坏向剪切破坏过渡。这是由于剪切模量的降低和毛细效应的减弱,剪切带在高湿度状态下容易出现。润湿后的微裂纹会导致材料的预损伤,也会影响材料的力学性能。此外,含更多水分的试样表现出更强的延展性,在破坏时出现更明显的微裂纹。

2.8 本章小结

为了全面了解水对岩石瞬时力学参数的影响,本章以红砂岩为试验对象,分别开展了单轴压缩试验、三轴压缩试验及巴西劈裂试验,根据试验结果,得到的主要结论有以下几点:

(1)红砂岩单轴压缩强度、拉伸强度、内摩擦角和黏聚力均随含水率的增加而呈负指数形式衰减。此外,通过建立各阶段特征应力与含水率的关系,发现各特征应力与含水率之间也具有相似的性质。

(2)在较短的吸水时间内,闭合应力、启裂应力、损伤应力和峰值应力均有显著降低,吸水饱和后,各阶段特征应力随含水率增加降幅很小。启裂应力与闭合应力之差随含水率增大而减小,说明含水率增大导致红砂岩的非线性特征增强。应力应变曲线上各特征应力及其与峰值应力之比随含水率的增加而降低,这对分级加载蠕变试验中选取适当的应力水平有参考意义。

(3)岩石的软化系数随围压增大而增大。水分对岩石抗拉强度的降低作用大于抗压强度。随着含水率的增大,试样破坏模式逐渐由劈裂破坏向剪切破坏过渡。

3 荷载与水共同作用下岩石单轴分级加载蠕变试验

3.1 概　述

水往往是导致岩体工程结构失稳破坏的重要原因。比如:在水利工程中,库岸边坡失稳破坏发生在蓄水期占40%~49%,发生在排水期占30%[174-176];在采矿工程中,由于地下水位回升,废弃矿井的遗留矿柱发生蠕变失稳破坏,导致采空区顶板冒落及地表塌陷事故[177,178];因此,开展水对岩石力学特性影响的研究对岩体工程的稳定性评价具有重要的指导意义[179]。Lajtai等[50]研究了水对花岗岩时效性变形特性的影响,表明干燥花岗岩遇水后其时效性变形显著增加。Kranz等[111]通过试验研究表明饱和花岗岩的蠕变失效时间比自然状态下缩短了三个数量级。Hoxha等[180]在三轴和单轴压缩蠕变试验中观察到蠕变应变速率与相对湿度有很强的依赖关系。Grgic和Amitrano[181]在对铁矿石试件进行多步单轴蠕变试验中发现,水的存在导致了声发射活性和膨胀体应变的增加。朱合华等[148]通过对干燥和饱和状态下晶玻屑熔结凝灰岩进行单轴压缩蠕变试验发现两者的极限蠕变变形量相差5~6倍,且饱和岩样进入稳定蠕变阶段的时间明显提前。黄小兰等[150]对泥岩进行不同含水条件下的蠕变试验发现含水率的增加导致泥岩蠕变变形和稳态蠕变率的显著增加。巨能攀等[182]研究了不同含水率的红层泥岩的三轴压缩蠕变特性,结果表明红层泥岩的初始、稳态和极限加速蠕变速率都随含水率的升高而增大。

尽管国内外学者已对水对岩石流变特性影响提供了丰富的资料,但是这些研究成果从试验方法上看,通常是先把岩石试件浸水不同时间,然后对其表面进行密封处理,最后在空气中进行加载测试,主要是关于不同含水状态下岩石流变特性的差异,而关于持续水环境和荷载联合作用影响长期特性方面的研究成果则少见。Okubo等[183]和Lu等[184]研究了浸没在水中的岩石在单轴压缩下的长期蠕变行为。在实际工程中(如采空区的遗留矿柱、大坝坝基及库岸边坡等),施工期的通风、排水等措施使得岩石处在相对干燥的状态,但是施工结束后,由于地下水位或者库水位上升导致岩石逐渐由干燥变为饱水状态,且后续将长期处于水环境中。例如,由于地下水位回升,废弃矿井中的矿柱可能会浸没在地下水中[185],如图3.1(a)所示。再比如,水电站在施工过程中库岸边坡一般处于干燥状态,但在运营状态下,岩体长时间浸泡在水中,如图3.1(b)所示。由此可见,岩石在不同的环境下(干燥、饱和及浸水),其蠕变特性可能存在根本差异。因此,深入研究不同条件下岩石的蠕变行为,对于更好地了解工程岩体的长期稳定性是十分必要的。

基于此,本章以Ⅰ类红砂岩为试验对象,利用自制的“环境试验箱”对表面无密封的浸水红砂岩试件进行了分级加载蠕变试验,并对表面密封的干试样和饱和试样进行了对比试验。根据试验结果,通过对比不同试验方式下红砂岩的蠕变力学参数,从而综合分析荷载与水共同作用对红砂岩力学特性的影响。

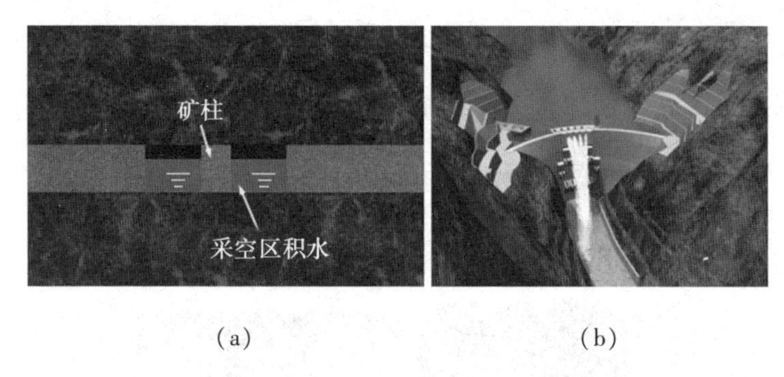

(a)　　(b)

图 3.1　废弃矿井中的浸水岩柱(a)和水电站在运营期间浸水围岩(b)

3.2　试验方法

3.2.1　试验材料及试件制备

本次试验所用岩石材料为Ⅰ类红砂岩。试验样品是从同一个岩石块体并按照相同的方向取芯。根据国际岩石力学学会(ISRM)标准,分别使用金刚石刀具和研磨机通过切割和抛光获得直径为 50 mm,长度为 100 mm 的圆柱形岩石样品。在测试之前需要仔细筛选用于测试的所有样品。首先剔除表面上有明显瑕疵(裂缝,孔隙和夹杂物)的岩石样品,然后对剩余样品进行声学仪器测量以确定纵波速度,据此选择具有相似波速的试样进行试验。Ⅰ类红砂岩的材料性质已在第二章详细阐述,这里不再赘述。

3.2.2　试验设备

本次试验采用的是中科院武汉岩土力学研究所研制的 RMT-150C 岩石力学刚性伺服试验机。为了真实反映岩体长期处于水环境下的实际情况,在原试验机的基础上设计了一个环境试验箱,实物图如图 3.2 所示,使得岩石试件承受荷载的同时受持续水环境的作用。为便于观察岩样破坏形态,箱体筒壁选用透明有机玻璃(PMMA),箱体底座选用不锈钢板,用不溶于水的黏合剂将桶壁与底座黏合成一体。然后,将该环境箱装置固定在加载系统上,将岩样置于试验箱内,岩样上下均有刚性垫块,通过进水口向箱内注水,直至岩样完全浸于水中,实验完成后,将水和碎屑通过出水口排出。该环境试验装置不仅扩展了传统试验系统的功能而且能够再现工程岩体在水环境中的实际情况。需要指出的是,本书中提到的"水环境"一词指的是蒸馏水环境,不涉及化学溶液。

图 3.2　考虑荷载与水共同作用的岩石蠕变试验系统

这是一个结构简单但能够真实反映岩体工程长期受水作用的环境试验装置。箱体由透明的有机玻璃制成,可以直观的观察试件的破坏形态。箱体底座选用不锈钢板,用不溶于水的黏合剂将筒壁与底座黏合成一体。试验时,将该环境箱装置放置于加载系统的支柱上即可。

为了验证实验设备的可靠性,在进行大量试验之前首先对其性能进行了初步测试。结果如图 3.3 所示。图中三组应力应变曲线分别是干燥试件在不同试验条件下的测试结果。从图中可以看出,当干燥试件被放置于无水的环境试验箱中,所得到的应力应变曲线与干燥试件在没有环境试验箱的条件下的应力应变曲线差别不大,两种情况下的岩石干燥抗压强度基本相同。该试验结果说明了环境试验箱的存在不会影响试件的测试结果,侧面验证了利用该环境试验箱进行试验获取试验结果的可靠性。但是,当干燥试件被置于有水的环境试验箱中,所得到的应力应变曲线与无水的环境试验箱条件下得到的结果差别较大。经计算,在有水环境试验箱中的干燥试件的抗压强度为85.3 MPa,比干燥试件的抗压强度107.1 MPa降低了约20%。很显然,这部分的强度弱化完全是由于水的存在导致的。

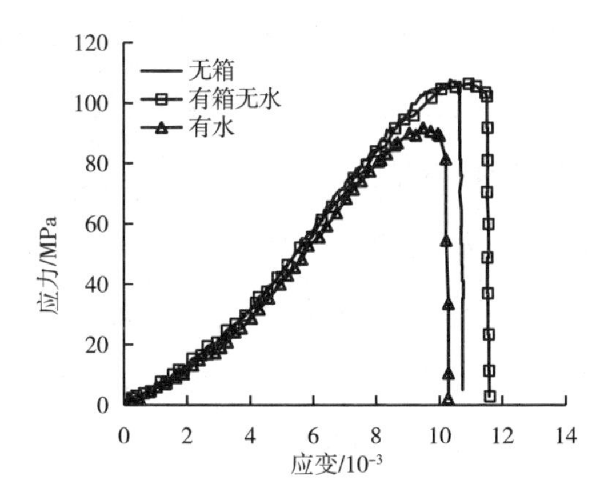

图3.3　不同试验条件下的应力-应变曲线

3.2.3　试验方案

首先制备三组岩石样品进行蠕变试验:干燥、饱和和浸水试件。干燥试件是指将在105 ℃下烘箱干燥2天,然后冷却至室温并用石蜡和防水膜覆盖的试样。饱和试件是指将干燥的试件浸入水中2天以达到恒定质量,然后用石蜡和防水膜覆盖的试样。浸水试件是指将干燥的样品置于充满水的环境试验箱中(如图3.2所示),并且它们在蠕变试验过程中持续受到应力的作用。本次试验设计成试验组和对照组,如图3.4所示。试验组的试验试件为浸水试件,对照组试件为干燥和饱和试件。

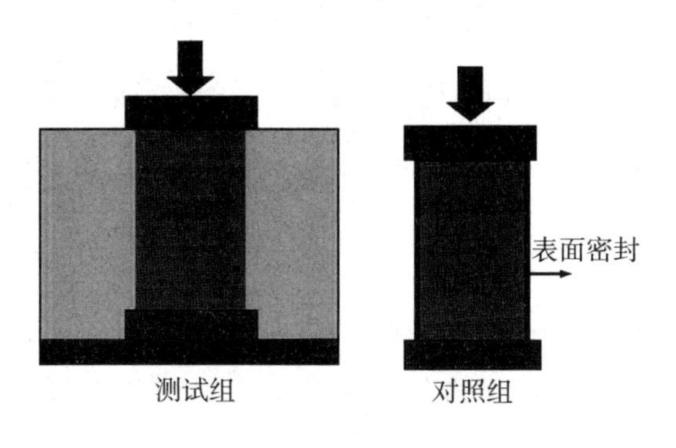

图3.4　试验设计

在本研究中,根据 ISRM 建议的岩石蠕变特性试验方法[79],对每个试件施加多级应力直至试件失效,即多级加载蠕变试验。多级加载蠕变试验即是将拟施加的最大荷载按单轴抗压强度分为若干级,然后在同一试件上由小到大逐级施加荷载。单体分级加载与传统的多个岩样单级恒载的方法相比,具有消除样本差异、减少样本数量、缩短试验时间的优点,这使我们能够以更简单、更省时的方式量化其他实验变量的影响[93]。此外,应力或荷载的改变一般是随施工进度逐级增加(或减少)的,因此分级加载下岩石蠕变特性具有重要的实践意义。该方法是目前常用的一种岩石蠕变试验方法,并且已被证明可获得可靠的数据[186-188]。在本次试验中,应力从一个水平增加到下一个水平的增量是 5~10 MPa,除最后一级外(试件破坏),其他每级应力水平维持 48 h。

3.3 试验结果

为避免试验结果的偶然性,在相同试验条件下,每组干燥、饱和及浸水岩样至少取 3 个样品进行重复试验。

3.3.1 应力-应变曲线

图 3.5 给出了浸水、干燥和饱和试件的应力应变曲线。由于在蠕变试验过程中保持一定的应力恒定应变随时间增加,因此从图中可以直接看出应力应变曲线呈现出阶梯形变化。每一个台阶表示一级恒定应力,台阶的长短表示在该级应力水平下产生的蠕变应变量。从图中可以看出,干燥试样蠕变试验中,施加 6 级轴向荷载,分别为 12.7 MPa、22.9 MPa、33.1 MPa、43.3 MPa、48.4 MPa、53.5 MPa。对于饱和试件,施加 5 级荷载,分别是 12.7 MPa、22.9 MPa、33.1 MPa、43.3 MPa、48.4 MPa。对于浸水试件,施加 3 级荷载,分别是 12.7 MPa、22.9 MPa、33.1 MPa。在较低的荷载水平下,应变曲线的台阶很短,即产生的蠕变量较小。但是随着荷载增加,应变曲线的台阶逐渐变长,即每一级荷载产生的蠕变量逐渐增大。从图中还

可以看出三组试件均在最后一级荷载作用下产生破坏。最后一级荷载下产生的蠕变量最大。

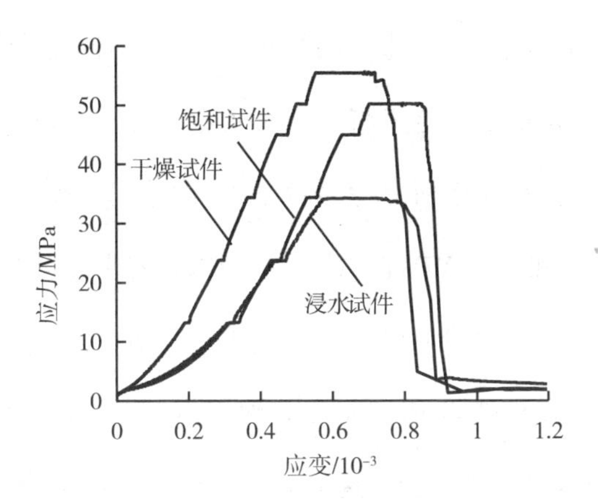

图 3.5　浸水、干燥、饱和试件的应力-应变曲线

3.3.2　蠕变曲线和破坏模式

图 3.6 为浸水、干燥和饱和试件的蠕变试验结果。蠕变曲线上的标记表示各蠕变阶段的起点和分界点。

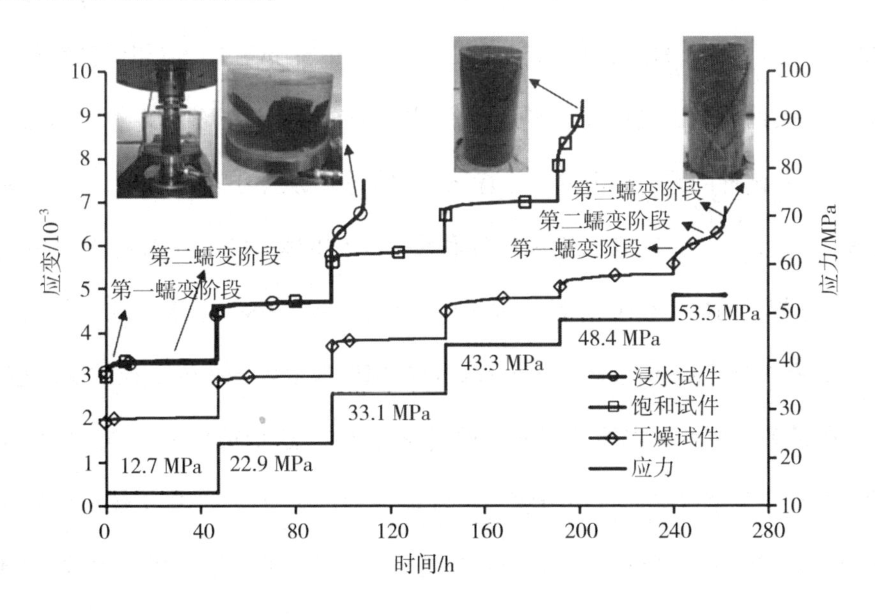

图 3.6　浸水、干燥、饱和试件单轴压缩蠕变曲线

结果表明,干燥试样在蠕变破坏发生前经历了 6 级荷载。干燥试样的破坏时间约为 262 h。在前三级应力水平下(即 12.7 MPa、22.9 MPa 和 33.1 MPa),应变随时间逐渐变化:首先,随着应变速率的减小,应变随时间逐渐增大;3~6 h 后,应变似乎稳定在一个恒定的值。这里将前者称为第一蠕变阶段,后者称为第二蠕变阶段。这两个蠕变阶段存在于所有应力水平下,而第三蠕变阶段则不然。当应力水平增加到 43.3 MPa 和 48.4 MPa 时,第一蠕变阶段分别持续约 23 h 和 30 h,这说明随着应力水平的增加,第一蠕变阶段持续时间更长。当应力水平增加到 53.5 MPa 时(是 UCS 的 72.64%),试件破坏,蠕变曲线出现完整的三阶段蠕变特征,如图 3.11(a)所示。在第一蠕变阶段中,试件变形速率逐渐减小,变形持续约 8 h。此后,应变速率在某一数值上趋于恒定。与低应力状态不同的是,在高应力下第二蠕变阶段产生的蠕变应变不是一个恒定值,而是不断增加的。干燥试样的第二蠕变阶段持续约 10 h,随后进入第三蠕变阶段,试样产生蠕变破坏。

与干燥试样一样,饱和及浸水试件的初始蠕变阶段较短,在应力水平为 12.7 MPa 和 22.9 MPa 时,第二蠕变阶段的应变几乎恒定。在本试验中,饱和试件预先在水中浸泡 2 天,而后取出进行蠕变实验,而浸水试件在蠕变试验前处于干燥状态。一般来说,饱和试件的瞬时变形要比干燥试件大得多。从图中可以看出,在第一级应力水平下,即 $\sigma = 12.7$ MPa,饱和试件和浸水试件的瞬时应变(对应于 $t=0$ 处的点)几乎是相同的(≈3‰),并且均大于干燥试件(≈1.9‰)。水的软化作用导致红砂岩的弹性模量降低,进而导致饱和试件的瞬时应变大于干燥试样的瞬时应变。浸水试件的瞬时应变基本等于饱和试件的瞬时应变,这个结果不仅与所用的 I 类红砂岩的高孔隙率有关而且还与浸水试件的试验步骤有关:①将干燥试件置于充满水的环境试验箱中;②进行多级加载蠕变试验。从试验步骤可以看出,试件在加载前被放入水中,且第一步的整个过程大约需要 10 min。对于浸水试件来说,从浸水到第一级应力加载完成，应力由 0 MPa 增加到 12.7 MPa，浸水时间大约 9 min。因此，当应力水平达到 12.7 MPa 时，浸水试件在水中浸泡总时间约 20 min。Ⅰ类红砂岩的吸水性质已在第 2 章中做了详细阐述，从图 2.9 可以看出，当干燥试件持续浸水 20 min 时，含水率达到 3.80%，接近饱水状态。在应力水平达到 12.7 MPa 之前，浸水和饱和试件的应力-应变曲线如图 3.7 所示。从图中可以看出这两条曲线几乎重合，这是由于Ⅰ类红砂岩的孔隙度较大(～12.6%)所致。众所周知，在高孔隙率岩石中，水可以在孔隙和裂缝中迅速流动。根据上述结果，在蠕变试验的第一级应力水平下，即 $\sigma=12.7$ MPa，浸水试件与饱和试件的含水率基本相同，这就是图 3.6 中在 $\sigma=12.7$ 和 22.9 MPa 时两者的蠕变曲线几乎重叠的原因。

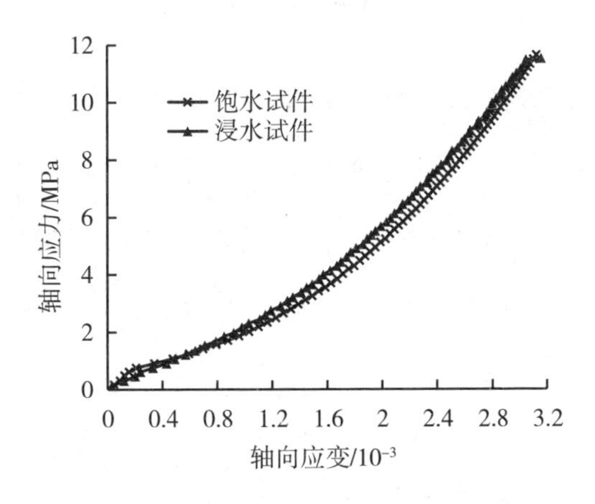

图 3.7　应力为 12.7 MPa 前浸水和饱和试件的应力-应变曲线

在加载的前两个阶段，即 $\sigma=12.7$ 和 22.9 MPa 时，由于应力水平较低，无论是浸水试件还是饱和试件均未出现大量裂纹。然而，当应力水平增加到 33.1 MPa 时，两者之间的应变存在明显差异。浸水试件发生蠕变破坏，而饱和试件仍然保持稳定状态，直至应力水平增加到 48.4 MPa 时产生破坏。由图 3.6 可知，干燥试件的蠕变破坏时间最长，破坏应力最大。饱和试件的破坏应力和破坏时间均小于干燥试件，但更值得注意的是浸水试件的破坏应力最小，破坏时间最短。

图 3.6 还显示了三组试件在最后一级破坏应力下的破坏模式。从图中可以看出三组试件的表面均有明显的剪切面。与浸水和饱和试件相比,干燥试件的表面裂缝更多,破碎程度更加严重。

综上,与受到荷载与水共同作用的浸水试件相比,传统试验方式下饱和试件的破坏时间更长,需要的破坏应力更高。因此,如果遵循饱和试件的结果进行岩体工程设计,就会高估岩体的稳定性。那么,如果对岩体的稳定性估计过高,这种设计方案可能会导致岩体工程失稳破坏。因此,更好地理解岩石在实际浸水条件下的蠕变特性是十分必要的。

3.4 结果分析及讨论

典型的蠕变曲线可划分成三个阶段:第一蠕变阶段或初始蠕变阶段、第二蠕变阶段和第三蠕变阶段。在第一蠕变阶段,应变以减速率增加,也成衰减蠕变阶段。第二蠕变阶段的应变似乎是时间的线性函数,应变率恒定,因此也称为稳态蠕变。第三阶段的应变随时间呈指数增加,导致样品破坏,这一阶段也成为加速蠕变阶段。图 3.8 显示了岩石在单一恒定应力下典型的蠕变曲线。

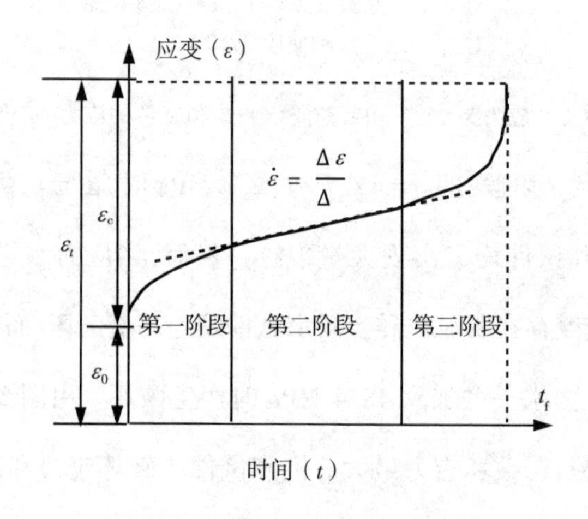

图 3.8 典型的三阶段蠕变曲线

岩石蠕变的通常形式为

$$\varepsilon_t=\varepsilon_0+\varepsilon_c \tag{3.1}$$

$$\varepsilon_c=\varepsilon_1(t)+\varepsilon_2(t)+\varepsilon_3(t) \tag{3.2}$$

式中，ε_0 为施加到恒定预设应力后 $t=0$ 时刻的瞬时应变；ε_c 为与时间有关的蠕变应变，蠕变应变是三阶段蠕变应变之和；ε_t 是岩石材料产生的总应变，它在数值上等于瞬时应变和蠕变应变之和。t_f 是最后一个应力水平的失效时间。

在本章3.3中，从定性的角度分析了三组试件的蠕变特性的差异。在这一小节中，将定量的比较三组试件的蠕变力学参数，具体的结果分析如下。由于浸水试件在第三级应力水平下产生破坏，因此只取各组试件的前三级应力水平下的蠕变力学参数的数据进行比较。表3.1~表3.3中给出了详细数据。

表3.1　不同荷载下浸水红砂岩试件的蠕变参数

浸水试件编号	12.7 MPa				22.9 MPa				33.1 MPa				
	ε_0	ε_c	ε_t	$\dot{\varepsilon}$	ε_0	ε_c	ε_t	$\dot{\varepsilon}$	ε_0	ε_c	ε_t	$\dot{\varepsilon}$	T_f/h
01	2.79	0.09	2.88	6.96E-05	4.04	0.29	4.33	3.15E-04	5.39	1.52	6.91	2.05E-02	0.64
02	3.00	0.27	3.27	9.52E-05	4.4	0.28	4.68	1.78E-04	5.75	1.73	7.48	1.98E-02	13.38
03	3.10	0.32	3.42	6.80E-05	4.76	0.26	5.02	2.54E-04	6.03	1.97	8.00	2.12E-02	42.48
04	2.96	0.12	3.08	6.94E-05	4.25	0.28	4.53	2.31E-04	5.59	1.8	7.39	1.31E-02	16.76
平均值	2.96	0.20	3.16	7.56E-05	4.36	0.28	4.64	2.45E-04	5.69	1.76	7.45	1.87E-02	18.32

说明：表中的 ε_0，ε_c，ε_t 分别是每一级荷载下的瞬时应变、蠕变应变和总应变。$\dot{\varepsilon}$ 是第二稳定蠕变阶段的应变率。T_f 是最后一级荷载下的破坏时间。表3.2、表3.3同。

表 3.2　不同荷载下饱和红砂岩试件的蠕变参数

饱和试件编号	12.7 MPa				22.9 MPa				33.1 MPa				43.3 MPa				48.4 MPa				
	ε_0	ε_c	ε_t	$\dot{\varepsilon}$	ε_0	ε_c	ε_t	$\dot{\varepsilon}$	ε_0	ε_c	ε_t	$\dot{\varepsilon}$	ε_0	ε_c	ε_t	$\dot{\varepsilon}$	ε_0	ε_c	ε_t	$\dot{\varepsilon}$	T_f/h
01	3.16	0.26	3.42	5.45E-05	4.32	0.26	4.58	2.42E-04	5.32	0.26	5.58	3.20E-04	6.29	0.44	6.73	3.46E-03	7.04	1.43	8.47	1.00E-01	3.42
02	2.98	0.22	3.20	6.75E-05	4.13	0.23	4.36	2.13E-04	5.11	0.31	5.42	4.62E-04	6.17	0.70	6.87	1.38E-02	7.21	1.89	9.10	1.11E-03	9.70
03	2.81	0.19	3.00	5.69E-05	3.73	0.17	3.90	3.01E-05	4.66	0.21	4.87	4.53E-04	5.62	0.41	6.03	4.37E-03	6.35	1.38	7.73	8.13E-03	4.22
平均值	2.98	0.22	3.21	5.96E-05	4.06	0.22	4.28	1.62E-04	5.03	0.26	5.29	4.12E-04	6.03	0.52	6.55	7.22E-03	6.87	1.57	8.44	3.65E-02	5.78

表 3.3　不同荷载下干燥红砂岩试件的蠕变参数

干燥试件编号	12.7 MPa				22.9 MPa				33.1 MPa				43.3 MPa				48.4 MPa				53.5 MPa				
	ε_0	ε_c	ε_t	$\dot{\varepsilon}$	ε_0	ε_c	ε_t	$\dot{\varepsilon}$	ε_0	ε_c	ε_t	$\dot{\varepsilon}$	ε_0	ε_c	ε_t	$\dot{\varepsilon}$	ε_0	ε_c	ε_t	$\dot{\varepsilon}$	ε_0	ε_c	ε_t	$\dot{\varepsilon}$	T_f/h
01	3.11	0.16	3.27	6.11E-06	4.35	0.19	4.54	1.68E-04	5.43	0.23	5.66	4.82E-04	6.48	0.49	6.97	5.33E-04					7.63	0.54	8.17	4.04E-02	1.97
02	2.08	0.09	2.17	1.12E-05	3.03	0.15	3.18	8.00E-05	3.93	0.17	4.1	8.76E-05	4.8	0.35	5.15	2.56E-04					6.03	0.6	6.63	4.32E-02	9.02
03	2.29	0.15	2.44	8.43E-06	3.3	0.18	3.48	1.53E-04	4.2	0.22	4.42	5.24E-04	5.1	0.31	5.41	4.21E-04	5.68	0.32	6.00	5.22E-03	6.28	1.32	7.60	5.43E-02	3.62
04	1.91	0.12	2.03	5.43E-05	2.83	0.15	2.98	9.11E-05	3.65	0.19	3.84	7.76E-05	4.46	0.27	4.73	5.12E-04	5.02	0.32	5.34	3.18E-03	5.55	1.65	7.20	2.22E-02	21.89
平均值	2.35	0.13	2.48	2.00E-05	3.38	0.17	3.55	1.23E-04	4.30	0.20	4.5	2.93E-04	5.21	0.36	5.57	4.30E-04	5.35	0.32	5.67	4.20E-03	6.37	1.03	7.40	4.00E-02	9.12

3.4.1 瞬时应变 ε_0 和蠕变应变 ε_t

图 3.9 给出了瞬时应变(ε_0)和应力水平之间的关系。从图 3.9 可以看出,瞬时应变随应力水平增加而增大,且近似呈线性关系。朱合华等[148]认为瞬时应变的大小由瞬时弹性模量来反映,应变值越大,弹性模量越小。而岩石的弹性模量随含水率和泡水时间的增大而减小,那么推理可知含水率越高或浸水时间越长,瞬时应变越大。在相同应力水平下,饱和及浸水试件的瞬时应变明显大于干燥岩样。在第 1 级应力水平(12.7 MPa)下,由于水的软化作用,饱和试件和浸水试件的瞬时应变几乎相同,但大于干燥试样。造成浸水试件和饱和试件的瞬时应变近似相等的原因是试验所用的红砂岩孔隙率较高,以及蠕变试验的步骤。当压力增加到 22.9 MPa 时,浸水试件的瞬时应变略大于饱和试件。当应力水平增加到 33.1 MPa 时,浸水试件的瞬时应变远大于饱和试件,说明在应力水平从 22.9 MPa 增加到 33.1 MPa 的过程中,由于其内部微裂纹扩展导致孔隙率增大,即便是相同的吸水时间浸水试件的含水率大于饱和岩样的含水率,而且随着浸水时间的延长和应力水平的增大,这种差异愈发显著,从而导致浸水试件的瞬时应变逐渐大于饱和岩样。

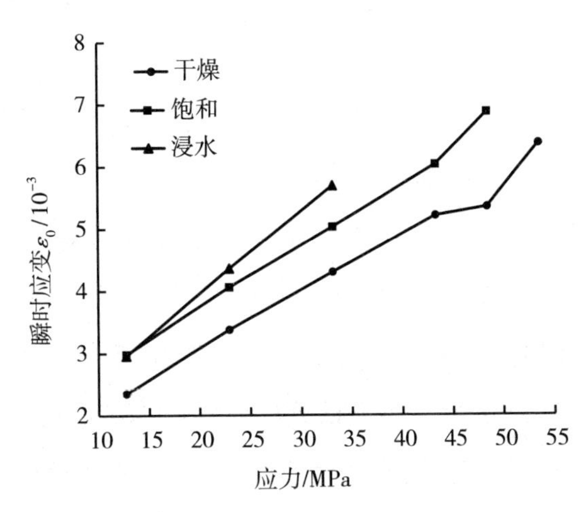

图 3.9 浸水、饱和及干燥试件的瞬时应变随应力水平的变化

图 3.10 显示了蠕变应变(ε_t)和应力水平之间的关系。从图中可以看出在相同应力等级下,饱和及浸水试件的蠕变应变均大于干燥试件;此外,在第一级应力

下,浸水试件的蠕变应变略小于饱和试件;在第二级应力下,浸水试件的蠕变变形逐渐大于饱和试件;由于浸水岩样在第三级应力下出现加速蠕变并最终破坏,在这一阶段的蠕变变形比前一级骤增,远大于饱和试件。这说明水的存在增大了红砂岩的蠕变变形而且受到荷载与水环境共同作用的浸水红砂岩的蠕变特性更加显著。

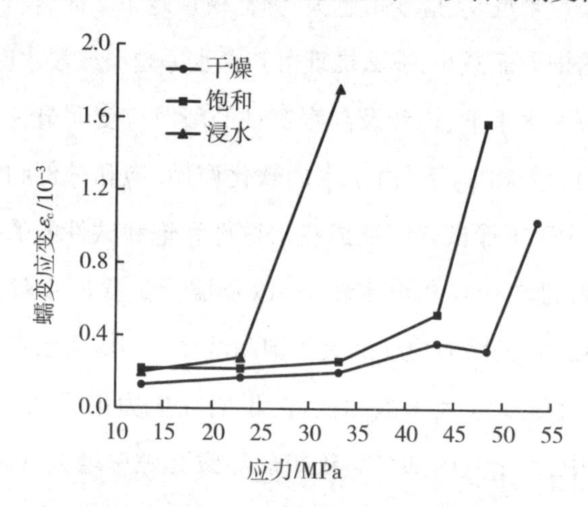

图 3.10 浸水、饱和及干燥试件的蠕变应变随应力水平的变化

由此,通过对试验结果分析得到的结论之一是:与饱和试件相比,浸水试件的蠕变特性更为显著。作者尝试从损伤力学和裂纹扩展的角度对这一结论进行解释。Kranz[111]利用扫描电镜研究了 Barre 花岗岩蠕变过程中裂纹的生长发育。他指出随着时间的推移,岩石内部由应力导致的新裂纹似乎不断产生。Heap 等[93]证明了岩石声发射活动与不同蠕变阶段裂纹的生长存在对应关系。岩石材料的蠕变裂纹扩展发生在蠕变过程的后两个阶段,即稳定蠕变阶段和加速蠕变阶段。在本研究中,对浸水试件施加三个等级的应力时,岩石试件在每一级应力均发生蠕变应变,并伴随着裂纹的萌生和扩展。蠕变过程中产生的裂纹导致孔隙率的增加,提高了岩石的吸水性。由于浸水试件在试验过程中始终浸没在水中,促进了环境中的水向新裂纹尖端迁移,加剧了水的应力腐蚀作用。对饱和试件来说,虽然在第三级应力作用下也产生了许多裂缝,但没有水填充到新产生的裂缝中,因此瞬时应变和蠕变应变均小于浸水试件。综上可知,相对于饱和试件而言,水对浸水试件的影响更大,因此浸水试件的蠕变特性更为显著。

3.4.2　应变率和稳态应变率

图 3.11 分别是干燥、饱和及浸水试件在破坏应力下的蠕变曲线及相应的应变率曲线。以浸水试件为例，在 33.1 MPa 应力作用下，浸水试件的蠕变过程持续约 13.4 h，其中第一、第二和第三蠕变阶段分别持续约 3.3 h、8.9 h、1.2 h。所谓的蠕变应变率是蠕变应变对时间的一阶导数。浸水试件的应变率随时间的增加先减小到一个稳定值，一段时间后迅速增加，曲线为“U”形；从图中可以看出，在第二蠕变阶段的应变率并不是实际意义上的恒定，存在一定的波动。在这里作者取第二阶段中应变率的最小值作为稳态应变率。如果将干燥、饱和及浸水试件在各级应力下的第二阶段的稳态应变率与应力建立对应关系，就得到了图 3.12。

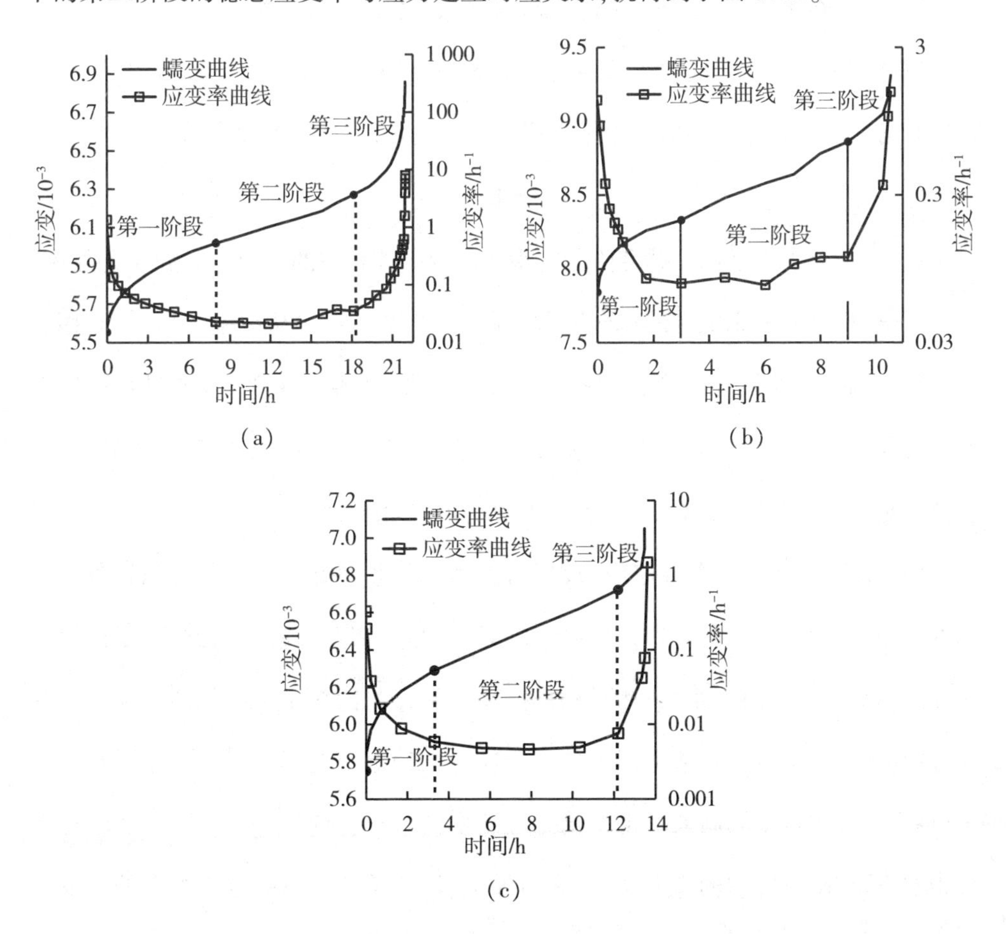

图 3.11　干燥、饱和及浸水试件在破坏应力下的蠕变曲线及应变率曲线

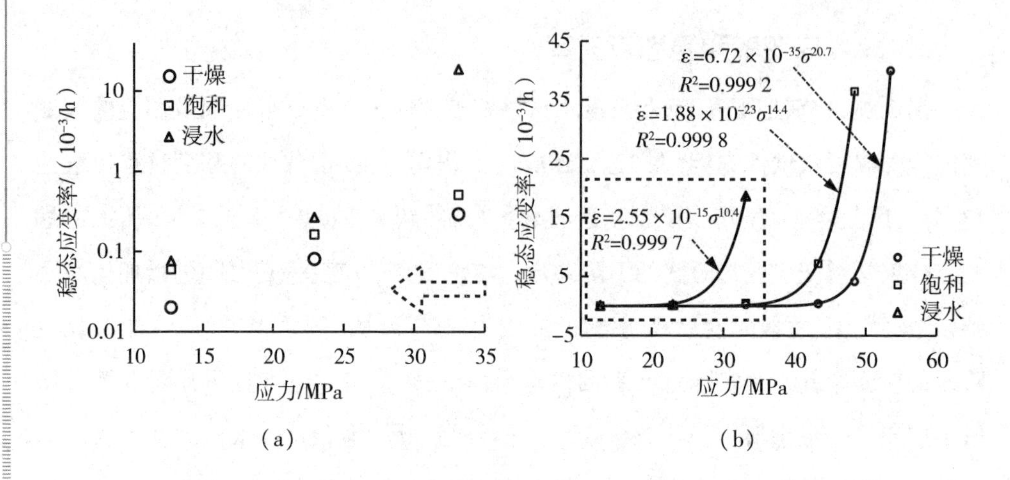

图 3.12　干燥、饱和及浸水岩样的稳态应变率随应力水平的变化

图 3.12(b)为所有应力等级对应的稳态应变率值。从图中可以看出,三组试件的稳态应变率均随应力的增加呈幂函数趋势增长,用如下方程表示:

$$\varepsilon = A\sigma^m \tag{3.3}$$

其中,ε 和 σ 分别表示第二蠕变阶段的稳态应变率和相应的应力。A 和 m 是常数。

干燥、饱和及浸水试件的拟合方程如图 3.12 中所示。从图中可以看出,用幂函数得到的拟合曲线与试验值具有很好的相关性。干燥、饱和及浸水试件的常数 A 分别是 6.72×10^{-35}、1.88×10^{-23} 和 2.55×10^{-15},幂指数 m 分别是 20.7、14.4 和 10.4。由此可见,干燥试件的 m 值最大,而浸水试件的 m 值最小。

由于应变率的大小取决于应力水平的大小,因此,如果仅仅比较三组试件应变率的大小,而忽略应力的影响,这种比较的结果是没有意义的。因此,为了能够在相同应力作用下比较三组试件的稳态应变率的大小,图 3.12(a)是图 3.12(b)的局部放大图,给出了在对数坐标下前三级应力与稳态应变率的对应关系。从图中可以看出,应力水平的高低决定了稳态应变率的大小,对浸水试件而言,在较低的应力水平下,随着应力的增大,应变率增加缓慢,但是在破坏应力水平下的应变率骤然增大。

此外,在相同应力水平下,浸水试件的稳态应变率最大,而干燥试件的稳态应变率最小。比如:在第 1 级应力水平(12.7 MPa)下,浸水、饱和及干燥试件的稳态应变率分别是 7.56×10^{-5}/h,5.96×10^{-5}/h 和 2.0×10^{-5}/h。浸水试件的稳态应变率分别是干燥试件和饱和试件的 3.8 倍和 1.3 倍。当应力增加到 33.1 MPa 时,浸水试件的稳态应变率为 1.87×10^{-2}/h,干燥试件的稳态应变率是 2.93×10^{-4}/h,饱和试件的稳态应变率是 4.12×10^{-4}/h,浸水试件分别是干燥和饱和试件的 63.8 倍和 45.4 倍。

由此可见,由于受水影响的方式和程度不同,红砂岩试件的稳态应变率呈现出数量级上的差距。通过对不同应力水平下稳态应变率的变化情况,可以很容易理解为什么浸水试件的破坏时间最短而干燥试件最长。上述结果进一步说明了水环境中浸水岩样的蠕变特性更加显著。

3.4.3 长期强度

岩体在长期荷载作用下的强度低于短期峰值强度,并且在实际工程中,大多数的岩体失稳表现出了与时间因素相关的强度特性。在岩石力学中,通常将岩石的这一强度称为长期强度。目前确定岩石长期强度的方法有:等时应力-应变曲线法(规范法),是将各等时线的直线向曲线转变,类似屈服应力形成的渐进线所对应的应力值为岩石长期强度的方法;过渡蠕变法,即对试件进行不同荷载等级的蠕变试验,得到不同应力水平下的蠕变曲线,通过观察应变-时间曲线,找到稳定蠕变和非稳定蠕变的临界的方法;此外,还有应变率法和最大应变法等等。

人们普遍认为,一定存在一个临界应力或长期强度表明加速蠕变阶段的开始。但是,由于长期强度的确定方法不同,得到的结果也各有差异,从而造成了对长期强度研究的欠缺,所以还需继续寻找一种试验时间短,实用可靠的方法去解决岩石长期强度的预估问题。因此,在试验结果的基础上,这一小节首先探索一种新的确定岩石长期强度的方法,而后对浸水、饱和及干燥试件的长期强度进行比较。

表 3.1~表 3.3 详细给出了浸水、饱和及干燥试件在每一级应力对应的瞬时应

变 ε_0、蠕变应变 ε_c、总应变 ε_t、稳态应变率和破坏时间 t_f 值。为了使结果更具有普遍性,每一组试件的试验次数都在 3 次以上。

这里,定义一个变量 ,它在数值上等于蠕变应变 ε_c 占总应变 ε_t 的百分比,方程式如下:

$$\beta=\frac{\varepsilon_c}{\varepsilon_t} \tag{3.4}$$

图 3.13 给出了干燥、饱和及浸水岩样的 β 值随应力水平的变化情况。图 3.13(a)~(c)分别显示了 4 个干燥试件、3 个饱和试件和 4 个浸水试件的试验值。图 3.13(d)~(f)分别是这三组试件的平均值。结果表明,随着应力水平增加呈现出先减小再增大的趋势,即 β 值在较低压力水平下随应力增加而降低,当施加的应力水平达到一个临界值后,β 值随应力水平增加而增大,且应力水平越高,β 值增幅就越大。以干燥试件为例,见图 3.13(d),当应力从 12.7 MPa 增加到 33.1 MPa 时,β 的平均值从 5.2%下降到 4.4%。然而,当应力增加到 43.3 MPa 时,β 增加到 6.5%,最终增加到 13.9%。虽然 β 值在 $\sigma=48.4$ MPa 略微降低,但仍然大于比 $\sigma=33.1$ MPa 对应的 β 值。β 随应力水平增加呈现出先减小后增大的这种趋势,对于饱和试件中更加清晰的体现,如图 3.13(e) 所示。浸水试件只有 3 个数据点,β 的平均值先减小后增大,这个结果与干燥和饱和试件相似。从图 3.13 中可以看出,存在一个临界应力,使得变形从稳定向非稳定发展,将该临界应力作为长期强度。这个临界点(或拐点)将曲线分为两部分:临界点之前,β 值随应力增加而降低,临界点之后,β 值随应力增加而增大。通过表 3.1~表 3.3 可以看出,在临界点之前,每一级应力产生的蠕变应变增量 ε_c 相对较小,且相差不大,同时应力水平增加使得瞬时应变 ε_0 增大,进而引起总应变增量更大,从而导致 β 值随应力水平的增加而降低。在临界点之后,蠕变应变显著增加,导致 β 值随应力增加而呈现出幂指数增长。

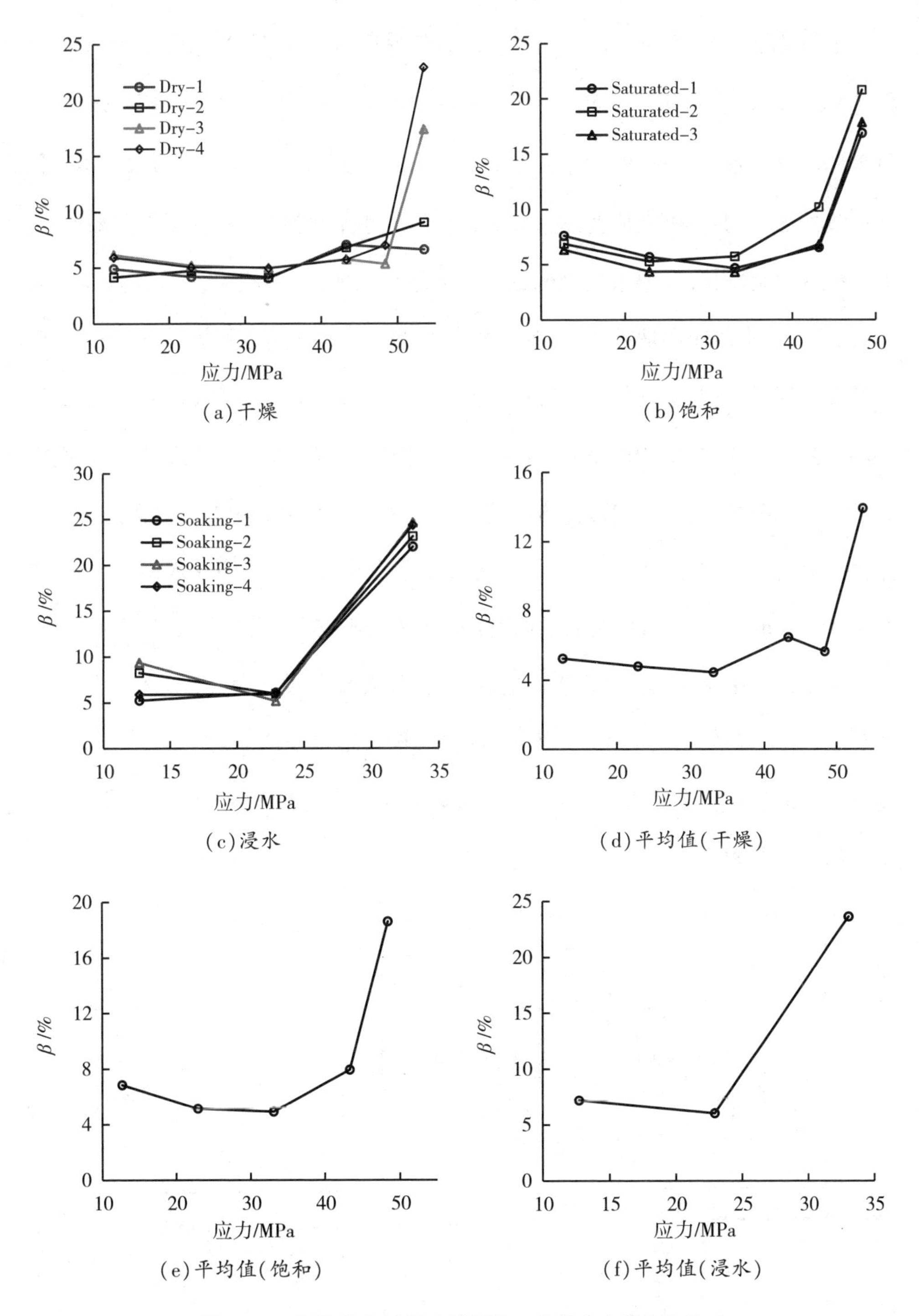

图 3.13 干燥、饱和及浸水岩样的 β 值随应力的变化关系

通过观察可知,干燥试件和饱和试件的临界应力约为 33.1 MPa(大于干燥及饱和试件 UCS 的 45%)。Heap[93]研究发现达利戴尔砂岩的临界应力大约是峰值强度的 45%~65%。Ma[186]对尤卡山凝灰岩进行蠕变试验发现,当应力水平小于抗压强度的 50%时,其蠕变应变速率如此之低以至于不可测量,超过该应力水平后,试件蠕变稳定增长,近似服从幂函数。上述结果表明,在阈值应力(长期强度)以下,由蠕变产生的损伤是短暂的、不显著的,但当应力水平超过阈值时,就一定会产生蠕变破坏,何时发生只是一个时间问题[189]。从图 3.13(f)可以看出,浸水试件的临界应力约为 22.9 MPa,该临界应力小于干燥和饱和试件,说明浸水岩石更容易发生失稳破坏。然而目前大多数关于水对岩石蠕变特性影响的研究都是在空气条件下对饱和试件进行的试验,而不是在试验过程中将岩石浸泡在水中进行的,这高估了岩体的实际稳定性,进而增加了岩体工程的不安全因素。

为了说明用应变比 β 变化规律的普遍性,作者分别对干燥的Ⅱ类红砂岩进行了单轴、三轴以及巴西劈裂的分级加载蠕变试验,结果如图 3.14~图 3.16 所示。通过建立应变比 β 与应力的关系,发现应变比 β 随着应力的增加同样呈现出先减小后增大的趋势。

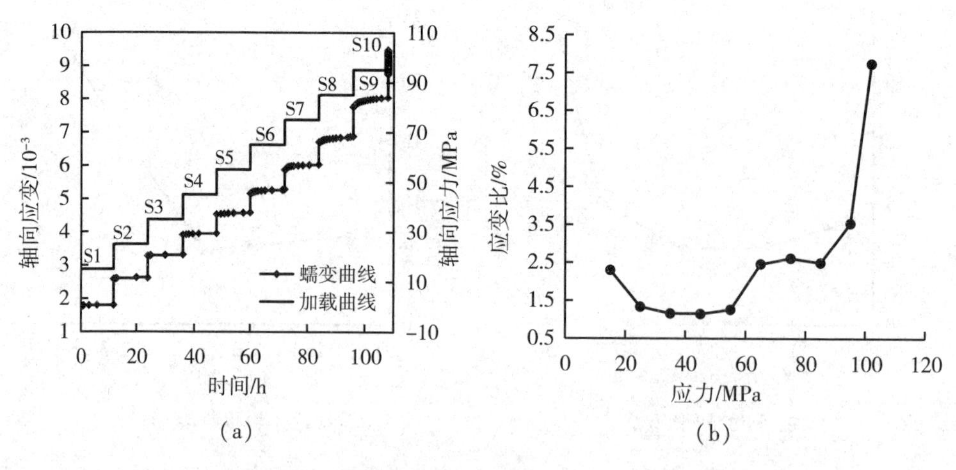

图 3.14 干燥的Ⅱ类红砂岩单轴蠕变试验结果(a)和 β 与应力的关系(b)

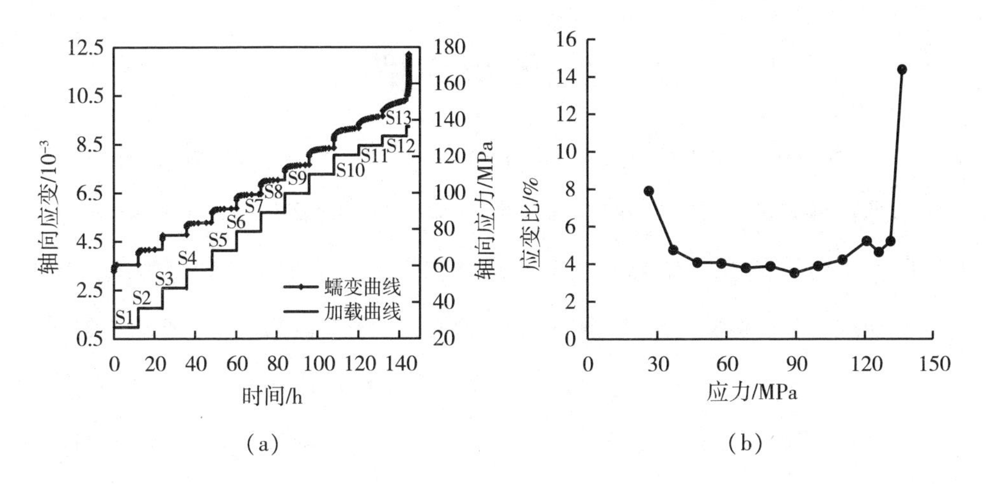

图 3.15　干燥的Ⅱ类红砂岩三轴蠕变试验结果(a)和 β 与应力的关系(b)

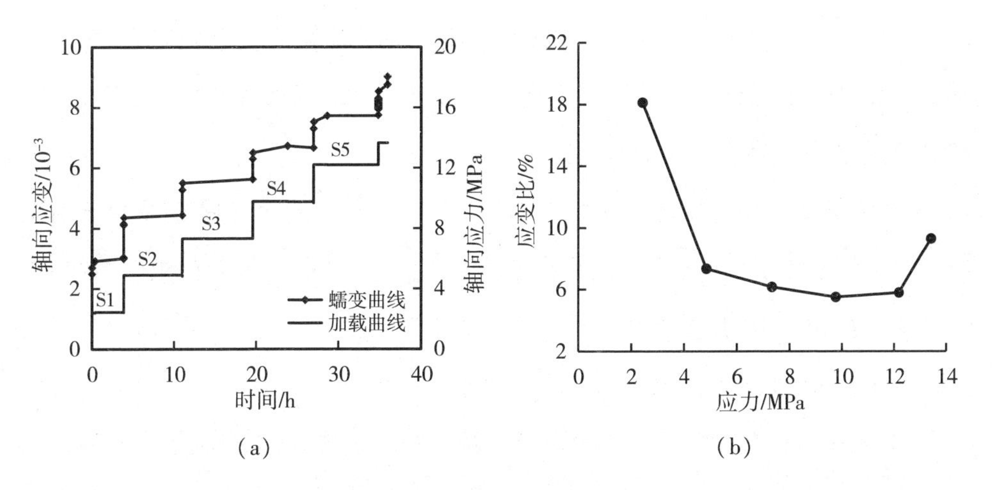

图 3.16　干燥的Ⅱ类红砂岩巴西蠕变试验结果(a)和 β 与应力的关系(b)

根据以上结果,可以将应变比 β 的最小值对应的应力值作为长期强度。在使用该方法确定长期强度时,建议采用分步加载的方式进行蠕变试验,除最后一步破坏应力外,其余每步的持载时间相同,且应力步越多,前后两步的应力增量越小,该方法确定的长期强度值越精确。一般地,当应力水平低于峰值强度的 50%是安全的,超过这一点,岩石的蠕变破坏时间将取决于应力大小和浸水条件。

3.5 本章小结

本章主要对Ⅰ类红砂岩的蠕变特性进行了试验研究。利用自制的“环境试验箱”对浸水红砂岩试件进行了分级加载蠕变试验,并对表面密封的干燥试样和饱和试样进行了常规蠕变试验作为对照。通过对比不同试验方式下红砂岩的蠕变力学参数,从而综合分析荷载与水共同作用对红砂岩力学特性的影响。主要结论如下:

(1)采用不同的试验方式得到的岩石蠕变力学性质有很大不同,且用常规的蠕变试验方法得到的结果低估了水对岩石蠕变特性的影响。比如,与干燥和饱和试件相比,在相同应力水平下,浸水试样的瞬时应变和蠕变应变最大,而且应力越高,他们之间差距越显著。浸水、干燥和饱和试件的稳态蠕变应变率随应力增加而呈幂指数增长,与干燥和饱和试件相比,浸水试件的稳态应变率最大,蠕变破坏时间最短,所需的破坏应力最小。

(2)将蠕变应变与总应变的百分比定义为应变比β,试验表明,应变比β值随应力增加普遍具有先减小后增大的趋势,将应变比β的最小值对应的应力值作为一种预估岩石长期强度的方法。浸水试样的长期强度小于饱和试样和干燥试样,导致了在相同应力条件下浸水试样的破坏时间更短。

(3)浸水试件在蠕变过程中不断产生新的蠕变裂纹,这将有利于水沿新形成的裂缝进一步运移到岩石中,加剧了水的应力腐蚀作用,进而加速裂缝的生长,这可能是浸水试件比饱和试件提前破坏的原因。

4

荷载与水共同作用对岩石力学性质影响机制

4.1 概　述

本书第3章对Ⅰ类红砂岩开展了分级加载蠕变试验，并着重对干燥试件浸没在水中时其蠕变力学性质进行了分析。然而，在实际岩石工程中，岩石具有初始含水率，通常处在非饱和状态下，并非是完全干燥的状态。比如，水电站的岩石边坡围岩的初始饱和度取决于开发和使用阶段，比如在蓄水阶段饱和度增大，排水阶段饱和度降低。总之，工程岩体的含水状态是一个与时间、空间相关的动态变量。因此，为了更好地理解工程结构的长期稳定性，需要详细了解岩石在不同饱和度下的蠕变力学行为。目前不同含水率或饱和度岩石蠕变特性的研究相对较多，而浸水条件下岩石蠕变特性的试验研究较少，关于浸水条件下饱和度对岩石蠕变特性影响的试验研究则更少。

本章的主要目的在于：考查岩石受荷载和水共同作用时初始含水率对岩石蠕变力学参数的影响，最后通过分析初始饱和红砂岩试件在持载前后吸水性能的变化情况，揭示持载与水共同作用对红砂岩蠕变性质的影响机制。

4.2 试验材料及方法

4.2.1 试验材料及试件制备

本次试验所用岩石材料为Ⅱ类红砂岩。将现场取来的大块岩样经过钻孔取芯、切割、打磨加工成直径 50 mm，高度 100 mm 圆柱形标准试样。剔除外观上有明显层理和裂痕的岩样，再通过声波仪测定岩样波速，选取有代表性的岩样作为试验岩样。

根据试验需要，首先将红砂岩试件在 105 ℃的烤箱中烘干。取一部分干燥试件在水中预浸不同时间(2 d、4 d、6 d 和 8 d)，最终制备成含水率分别是 2.97%、3.34%、3.37%和 3.45%的四组含水试件。

在进行蠕变试验之前，首先对不同含水率的红砂岩试样在干燥条件下进行了单轴抗压强度试验(UCS)。在单轴压缩试验中，试样以 0.025 MPa/s 的恒定加载速率加载破坏。不仅了解了含水率对材料短期力学性能的影响，而且方便确定蠕变试验中在实验室时间尺度上产生蠕变破坏所施加的应力水平。通过恒应力速率试验得到的Ⅱ类红砂岩的基本力学性质如表 4.1 所示。

表 4.1 Ⅱ类红砂岩试件的基本力学性质

含水率	饱和度	强度/MPa	弹性模量/GPa	泊松比	软化系数
0	0	106.7	16.9	0.26	—
2.97%	0.86	59.0	11.6	0.30	0.55
3.34%	0.97	55.3	11.4	0.35	0.52
3.37%	0.98	55.7	11.2	0.34	0.52
3.45%	1	55.5	10.9	0.38	0.52

4.2.2 试验设备

本次试验所用的设备与第 3 章相同，不再赘述。试验装置示意图如图 4.1 所示。

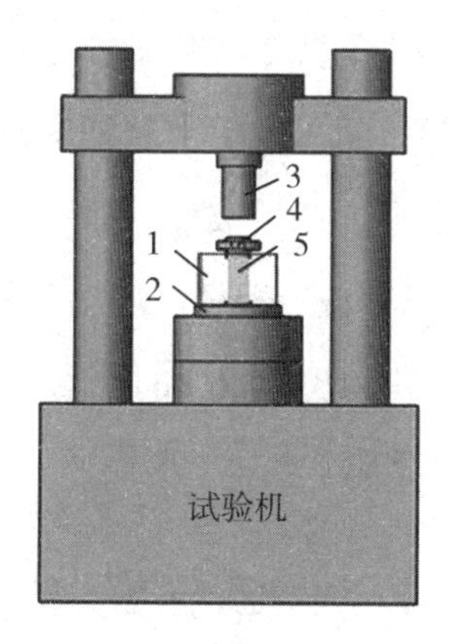

1—箱体;2—刚性底座;3—压力传感器;4—上压头;5—岩石试件。

图 4.1 试验装置示意图

4.2.3 试验方案

本试验拟对干燥试样和预浸在水中不同时间的试样进行单轴恒载蠕变试验。试验在环境试验箱中进行,试验过程中试件同时受到恒定应力和水分迁移的耦合作用。表 4.2 简明地给出了本试验的方案。

表 4.2 试验方案

试验类型	试验环境	浸水时间及对应含水率	应力水平
单轴压缩蠕变试验	水中	干燥(0),2 d (2.97%),4 d (3.34%),6 d (3.37%),8 d (3.45%)	80%、85%、90%、95% UCS(sat)

蠕变试验过程如下:

(1)将试验所用试件(干燥或者初始含水试件)置于箱体内的下垫块上,而后向环境试验箱内注水,注水高度为淹没试件顶部为止。

(2)进行预加载,采用恒定应力速率控制,速率是 0.025 MPa/s,加载到预先设定的目标应力。

(3)在目标应力(保持恒定)作用下,试样在较长时间内发生变形,试验机的数控系统可以自动记录每一时刻对应的轴向变形。

(4)对破坏后的试件拍照,以观察破坏形态。

本试验设计 4 个目标应力,分别是 42.95 MPa、48.32MPa、51 MPa 和 53.68 MPa,

这些目标应力大约是饱和单轴抗压强度80%、85%、90%、95%，Heap[93]指出在这个应力水平下岩石可在实验室的时间尺度下产生蠕变破坏，一般破坏时间在数小时之内。如果试件在某一应力水平下产生破坏，则用初始含水状态相同的试件重新进行试验，只需要调整施加的目标应力即可。按上面的试验步骤如此往复，直到分别对干燥、预先浸水2 d、4 d、6 d和8 d，相应的含水率为0、2.97%、3.34%、3.37%、3.45%的所有红砂岩试件完成试验。

4.3 试验结果

图4.2为不同应力水平下干燥红砂岩试件的蠕变曲线及对应的蠕变应变率曲线。从图中可以看出，在这四个恒定应力下，干燥试件均发生蠕变破坏。比如，当应力为42.95 MPa时，干燥试件在浸水条件下的破坏时间约为55 h，相应的最小蠕变应变率为10^{-7}/s。随着应力增大，干燥试件在浸水条件下的破坏时间缩短，但最小蠕变应变率增大。

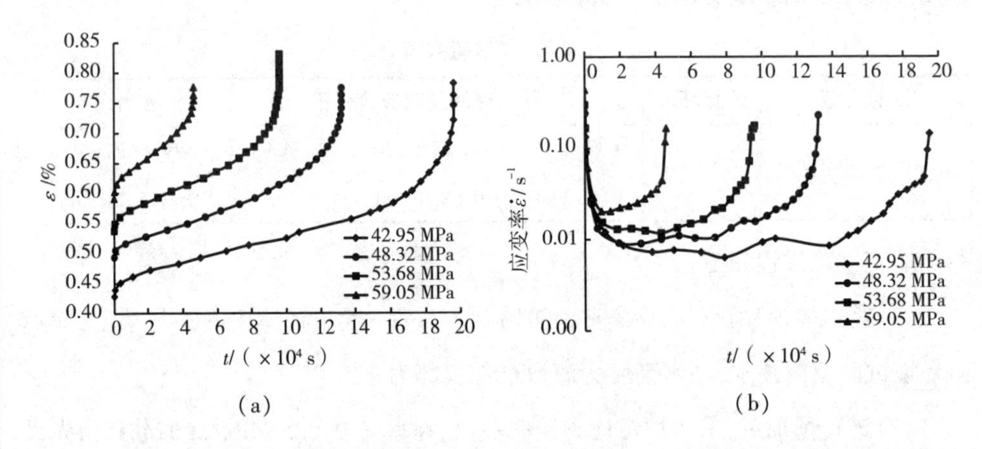

图4.2 不同应力作用下干燥红砂岩试样在浸水条件下的(a)蠕变曲线及(b)蠕变应变率曲线

图4.3为不同应力作用下初始含水率不同的红砂岩试样在浸水条件下的蠕变曲线。图4.4是初始含水率不同的红砂岩试样的破坏时间与应力之间的关系，图中每个数据点代表三个样本的平均值。试验数据表明，在相同的应力下，随着初始含水率的增加，破坏时间和最小蠕变应变率分别减小和增大。图4.4表明，失效时

间与应力之间的关系可以用负指数方程来描述。我们注意到,随着初始含水率的增加,不同含水率的试件在低应力下的失效时间差异较大,而在高应力下,随着含水率的增加,失效时间的差异较小。

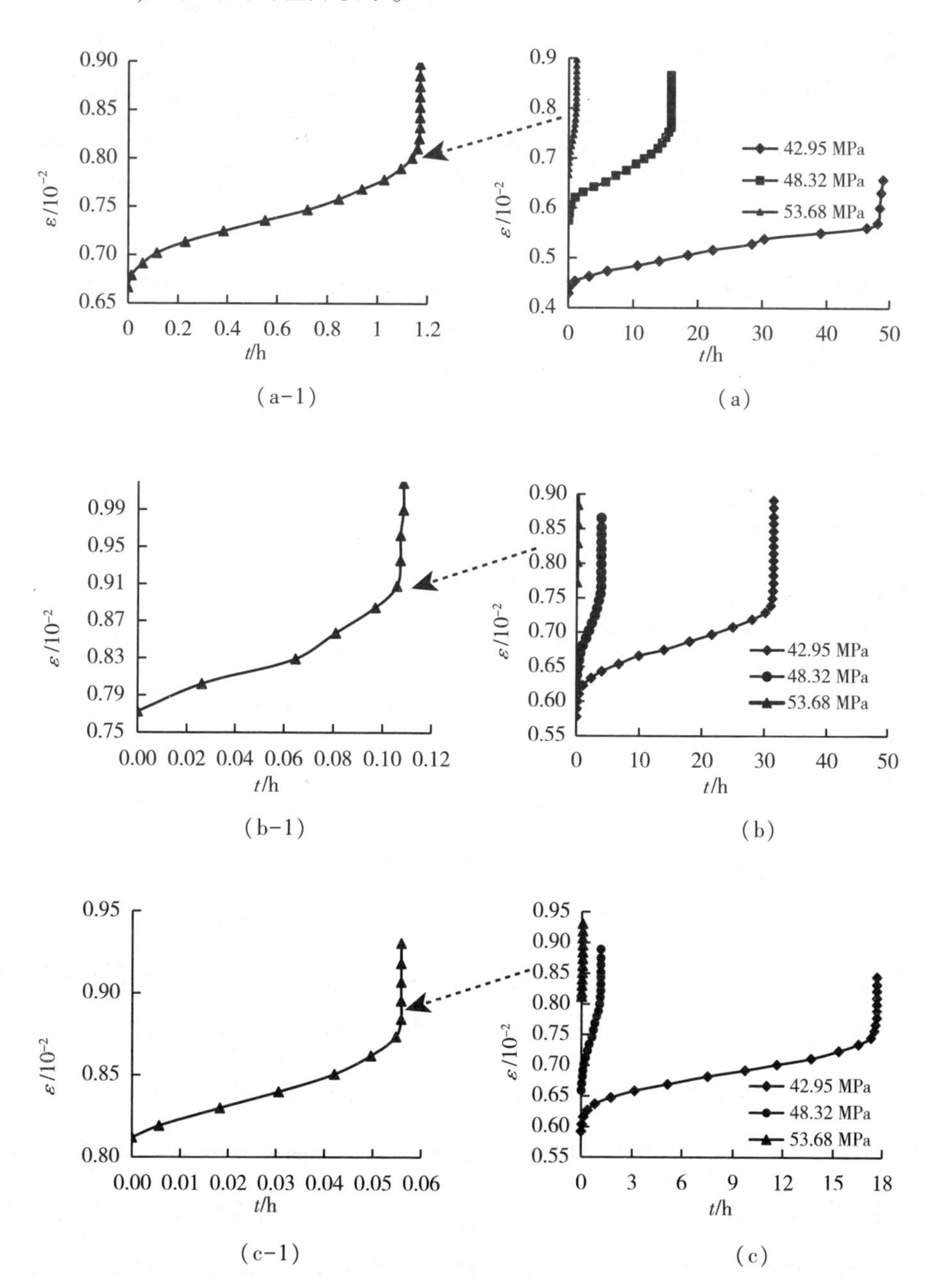

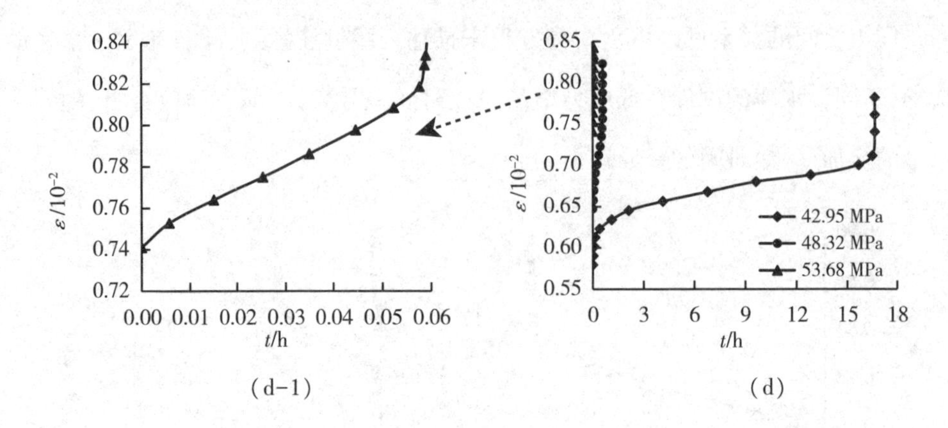

(d-1)　　　　(d)

图 4.3　不同应力作用下初始含水率不同的红砂岩试样在浸水条件下的蠕变曲线

左图为右图中 53.68 MPa 应力水平下的曲线局部放大图[w_0=2.97%(a)、3.34%(b)、3.37%(c)、3.45%(d)]

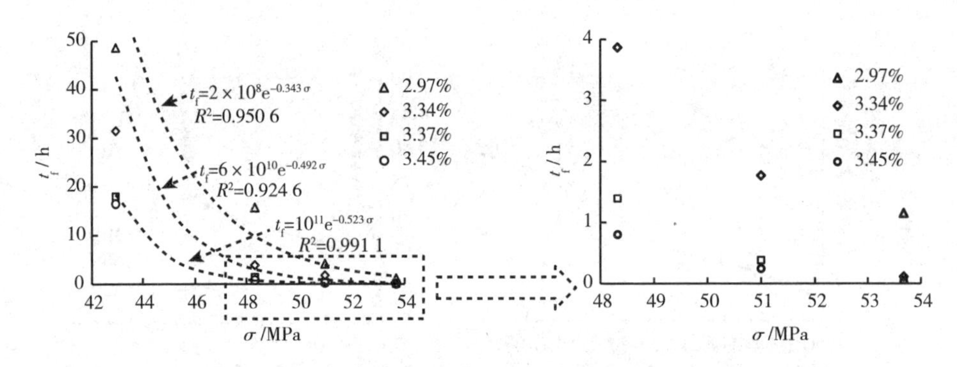

图 4.4　初始含水率不同的红砂岩试样的破坏时间与应力之间的关系

为了更好地比较不同含水率状态试件的蠕变行为,在图 4.5(a)中绘制了不同初始含水率、相同应力(48.32 MPa)下浸水条件下的蠕变曲线。图 4.5(a-1)是图 4.5(a)的局部放大图;图 4.5(b)是对应的应变率曲线,图 4.5(b-1)是图 4.5(b)的局部放大图。从图 4.5 中可以看出:①在 85%饱和抗压强度的应力水平下,不同含水率的试件均出现失稳破坏,蠕变曲线具有完整的三阶段蠕变特征。除了 ω_0 = 3.45%外,总应变随着含水率的增大而增大。应变率曲线呈左低右高的不对称“U”形;②瞬时应变随含水率的增加而增大,当试件趋于饱和时,瞬时应变随含水率增加而变化幅度不大;③在初始蠕变阶段,尽管含水率不同,对应的应变率相差无几,这说明该阶段蠕变变形的增幅一致。在第二蠕变阶段应变率随含水率的增大而增加,这在蠕变曲线中显示为含水率越大曲线越陡;④随着吸水率的增大,第二稳定蠕变阶段持续时间越短,即在高含水率条件下,试件将很快进入到第三阶段发生破坏失稳;⑤含水率不同,试件失稳破坏的时间也不同,随着含水率增加,失稳破坏时间缩短。

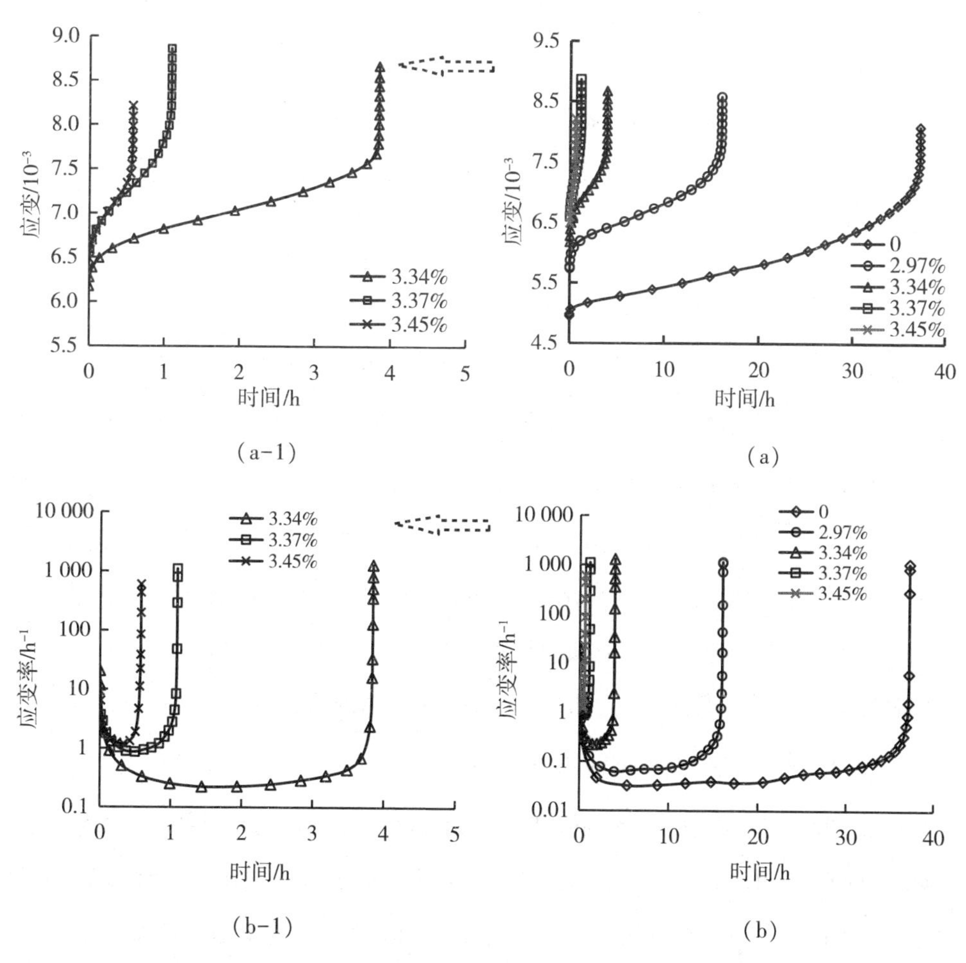

图 4.5　恒定应力下不同含水率红砂岩试件的蠕变及应变率曲线

为了深入探究在荷载和水共同作用下含水率对红砂岩蠕变力学特性的影响,本试验分别分析了含水率与瞬时应变、蠕变应变、稳态应变率和破坏时间这四个蠕变特征参数的关系。

4.3.1 含水率与瞬时应变的关系

图 4.6 是瞬时应变随初始含水率的变化曲线。

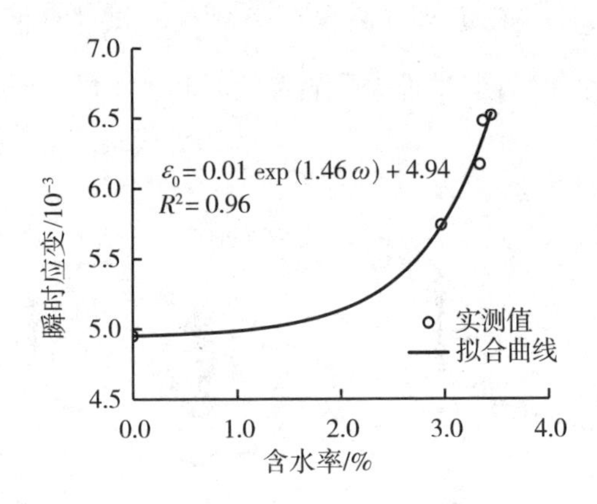

图 4.6　瞬时应变与含水率的关系

从图 4.6 中可以看出瞬时应变随含水率的增加而逐渐增大,比如,与干燥状态相比,当含水率 ω_0 增加到 2.97%,瞬时应变从 4.95×10^{-3} 增加到 5.74×10^{-3},增幅为 15.96%。但当试件趋于饱和时,比如含水率 ω_0 从 3.34%增大到 3.45%,瞬时应变从 6.17×10^{-3} 增加到 6.48×10^{-3},增幅仅为 5%。这是因为瞬时应变与岩石的弹性模量相关。正如图 2.15、图 2.16 所示,弹性模量损失系数随含水率呈指数形式而增加,即弹性模量随含水率增加而呈负指数形式衰减。瞬时应变与含水率的关系同样可以用指数函数来描述,拟合曲线及定量关系表达式如图 4.6 所示。

4.3.2 含水率与蠕变应变的关系

蠕变应变是指与时间相关的应变,是蠕变破坏前的总应变与瞬时应变的差值。从图 4.7 可以看出,随着含水率的增大,蠕变应变减小。比如在干燥状态下,蠕变应变为 3.14×10^{-3},含水率增大到 2.97%时,该应变降低到 2.84×10^{-3},降幅为 9.55%。但是当试件趋于饱和时,尽管含水率增幅不大,蠕变应变仍有大幅度降低,比如含水率 $\omega_0=3.34\%$ 和 $\omega_0=3.45\%$ 时,蠕变应变分别降低了 20.4%和 44.9%。这是因为瞬时应变随含水率增大而减小最后趋于稳定,但同时蠕变的总应变随着含水率的增大而逐渐增大,如图 4.7 的蠕变曲线所示。

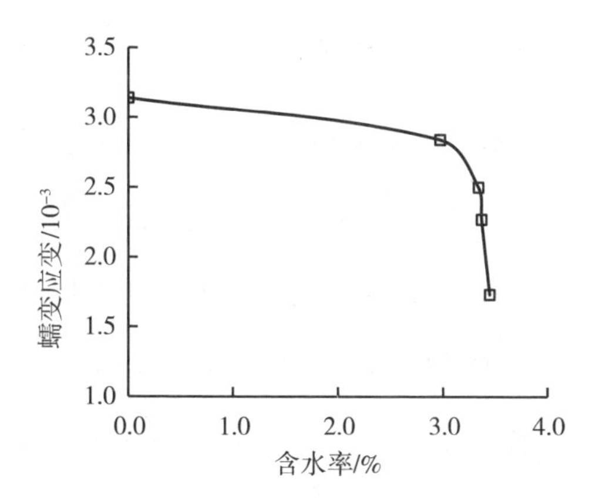

图 4.7　蠕变应变与含水率的关系

4.3.3　含水率与稳态应变率的关系

根据应变率曲线,绘制第二稳定蠕变阶段的应变率随含水率的关系曲线,如图4.8所示。从图中可以看出,稳态应变率随吸水率的增加而增大,而且在饱水状态下应变率的增幅更加显著。比如,当含水率从0增加到2.97%,红砂岩试件的稳态应变率从3.88×10^{-5}/h增加到7.24×10^{-5}/h,比干燥状态提高了1.86倍。当含水率继续增大到3.37%和3.45%,应变率分别提高了22.7倍和31.4倍。因此,稳态应变率与含水率的关系可以采用指数函数进行描述,如图4.8所示。这说明,水的存在加速了蠕变变形的发展,而且即便是饱和红砂岩,在荷载与水共同作用下这种加速效应更加显著。导致这种结果的原因是蠕变变形伴随着新裂纹的产生,这有利于试验箱中的水分进一步迁移到新裂纹的尖端,从而提高了水对裂纹尖端的物理力学作用,进而加速了裂纹的扩展。

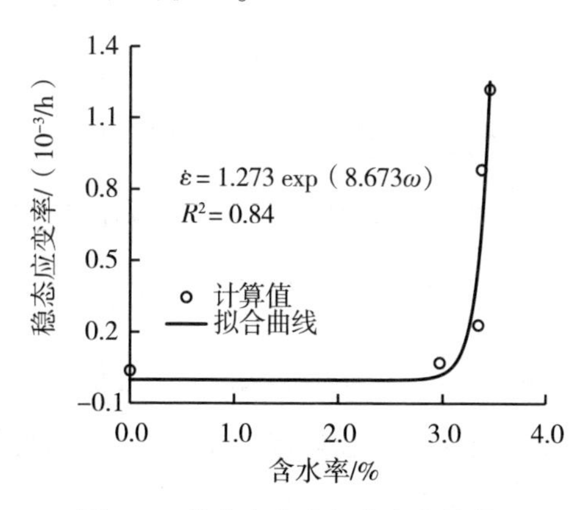

图 4.8　稳态应变率与含水率的关系

4.3.4 含水率与破坏时间的关系

从图4.9可以看出,含水率越大,试件的破坏时间越短。在干燥状态下,试件的破坏时间是37.25 h,当含水率为2.97%和3.34%时,破坏时间分别降低到15.98 h和3.84 h,降幅分别为57.1%和89.7%,这说明非饱和试件的破坏时间受吸水时间的影响十分显著。当试件趋于饱水状态时,破坏时间仍显著降低,比如含水率从3.37%增大到3.45%,尽管含水率仅增加了0.08%,试件的破坏时间从1.08 h缩短到0.58 h,降低幅度为46.3%。破坏时间的长短取决于第二稳定蠕变阶段的持续时间,第二阶段越长,那么破坏时间越长,反之亦然,也即破坏时间与稳态应变率有关。图4.9表明即便是饱和试件稳态应变率仍然显著增大,因此受荷载与水共同作用下红砂岩蠕变破坏时间显著缩短。

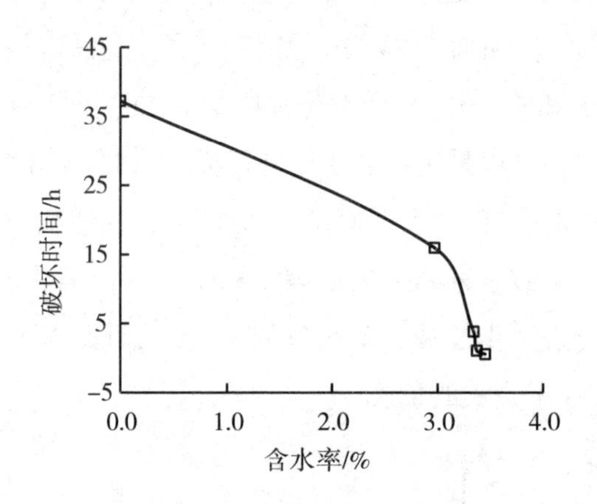

图4.9 破坏时间与含水率的关系

在实际工程中,岩石长期处在水环境中,受荷载与水的共同作用,然而,过去学者在进行含水率对岩石蠕变特性影响的试验时,通常对试件表面做密封处理使岩石保持恒定的含水率。由此可见,以往的试验方式下得到的试验结果低估了水对岩石蠕变力学性质的影响,而本文得到的浸水条件下红砂岩试件的蠕变试验结果更接近实际,对岩体工程的长期稳定性分析具有一定的参考价值。

4.4 荷载与水共同作用对岩石力学特性的影响机制

从上述可知,在荷载与水共同作用下的红砂岩表现出更加显著的蠕变特征。由于试验条件有限,用直观的方法很难观察到蠕变过程中岩石内部发生的真实情况。因此,本文试图用一种间接的方法侧面描述岩石在荷载与水共同作用下其内部裂纹萌生扩展等情况,进而揭示荷载与水共同作用对红砂岩力学特性的影响机制。

这里设计一个简单的试验,选取4个饱和试件(计算并记录初始饱和含水率),表面用密封套密封,在恒定的应力水平下(80%),即44.4 MPa,分别持载0 h、5 h、10 h和20 h,而后卸载,然后除去密封套,将损伤试件再次真空饱和,计算当下的饱和含水率。为了表述方便,这里将饱和含水率进行归一化处理,引入变量α,变量α是持载前的饱和含水率与持载后饱和含水率的比值。是持载前的饱和含水率与持载后饱和含水率的比值。试验过程如图4.10所示。

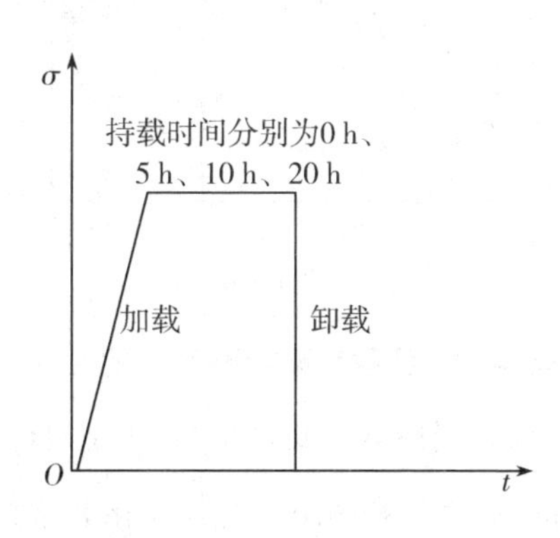

图4.10 试验过程示意图

4.4.1 持载前后饱和红砂岩的吸水性能

表4.3给出了4个饱和试件在相同的应力水平和不同的持载时间下,持载前后各自饱和含水率的变化情况。由于岩石的非均质性,初始饱和含水率不尽相同,因此,定义一个归一化的变量α表示初始饱和含水率与持载后饱和含水率的比值。

表 4.3 试验结果

试件编号	持载时间/h	初始饱和含水率/%	损伤后饱和含水率/%	α
01	0	3.160	3.295	1.043
02	5	3.440	3.532	1.047
03	10	3.246	3.485	1.095
04	15	3.403	3.734	1.119

图 4.11 中有两条曲线,一条是变量 α 与持载时间的关系,另一条是饱和试件在应力水平为 80%时的蠕变应变率曲线。两条虚线将蠕变应变率曲线划分成三部分,即第一蠕变阶段、第二蠕变阶段和第三蠕变阶段。从图 4.11 可以看出,在 0~6 h 内,蠕变曲线为第一蠕变阶段;在 6~18.3 h 内,此时岩石处在第二蠕变阶段;从 18.3 h 到蠕变破坏之前,岩石处在第三蠕变阶段。

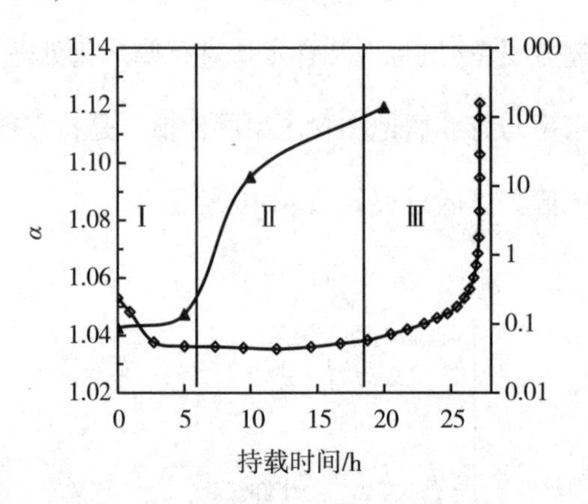

图 4.11 持载时间与变量(α)的关系

此外,从图中还可以看出,当持载较短的时间内,比如,从 0 h 变化到 5 h,α 值变化不大,但是当持载时间为 10 h 和 20 h 时,其变化非常显著。

持载前后饱和红砂岩含水率的变化,说明在恒定荷载作用时间内岩石的吸水性能发生了改变。吸水性能可间接反映岩石内部裂隙分布。吸水性能越强,含水率越大,说明岩石内部裂隙越发育。因此,通过对饱和试件持载前后吸水性能的变化可以推测,岩石在蠕变过程中不断有新的裂纹产生。已有研究表明,脆性岩石在恒定应力下产生与时间相关的变形,即蠕变,其主要机制与岩石内部亚临界裂纹的扩展有关[77, 80, 111]。Heap 等[93]开展的实验研究已证实岩石蠕变实验中的声发射活动与蠕变各阶段的裂纹扩展存在对应关系。岩石材料的蠕变裂纹扩展发生在蠕变过程的后两个阶段。在第一蠕变阶段，裂纹趋于张开但没有扩展；在稳态蠕变阶段，裂纹稳定扩展发生；在加速蠕变阶段，裂纹发生不稳定的扩展。

结合图 4.11 可知，在 80%应力水平下，当持载时间 $t=5$ h 时，试件处在第一衰减蠕变阶段，原生裂缝趋于张开，但岩石内部产生的损伤有限，因此与持载前相比，饱和含水率增加不明显，α 值变化不大；当 $t=10$ h 时，岩石试件处在第二稳定蠕变阶段，裂纹在这一阶段稳定扩展，因此与持载前相比，饱和含水率增加显著，α 值急剧增大；当 $t=20$ h 时，试件刚开始进入第三加速蠕变阶段，由于岩石内部的裂纹不稳定扩展，与持载前相比，这一时刻 α 值同样显著增大。

由于所有试验均在试件表面密封的情况下进行，当试验结束后，除去其表面的密封套，在持载 20 h 后的饱和试件表面出现可见裂缝，如图 4.12 所示。从裂纹扩展的角度来看，这个结果与 α 值变化十分一致。

图 4.12　持载 20 h 后试件表面出现可见裂缝

对于浸水条件下的饱和试件来说，受到荷载和水的共同作用，在持载的过程中，裂纹不断增多导致产生与时间相关的变形并伴随着不同程度的损伤和裂纹产生，这有利于环境中的水不断迁移到新裂隙尖端，加剧了水的应力腐蚀作用，这是一个水分迁移、应力腐蚀以及损伤演化相互耦合作用的过程。这就是浸水试件的长期强度小于但应变率大于饱和试件的原因。这个结论在岩体工程中具有重要的指导意义。比如，有现场监测数据表明[190]，水库在蓄水完成一段时间后，库岸岩质边坡内仍会发生微震事件。结合本文的试验结果,作者认为导致这种现象的原因是,即便在水位线以下的饱和岩体长期受到浸水作用,其岩体性质遭到进一步弱化,长期强度会进一步降低,从而导致了岩体损伤的发生。因此,在进行岩体工程长期稳定性分析时,建议采用环境蠕变参数或者将饱水状态的蠕变力学参数进一步适当折减后使用。

4.4.2 浸水红砂岩的微观结构

利用扫描电子显微镜(SEM),从微观角度分析了红砂岩内部微观结构的变化规律,结果如图 4.13 所示。

×500 ×5 000

(a) 干燥

×500 ×5 000

(b) 泡水 2 d

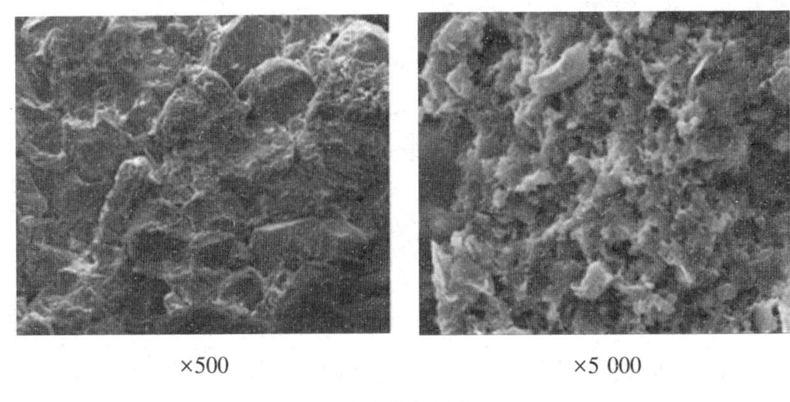

×500　　×5 000

(c)泡水 7 d

图 4.13　不同泡水时间后红砂岩样品的扫描电镜图像

图 4.13 (a)是干燥红砂岩样品的显微图像,从图中可以清晰地看到样品表面是由大小不一、形状各异的粗糙颗粒组成;浸水 2 天后的红砂岩表面颗粒的菱角明显减少,从粗糙变得圆滑,在其表面发现微裂缝(灰色线框所示),见图 4.13 (b);当浸水 7 天后,从图 4.13 (c)中可以看出,微观结构进一步破坏,较大的颗粒被剥离成细小颗粒,而且大量微孔隙的产生使得结构变得疏松多孔。这说明,浸水时间越长,由水的物理化学作用而导致的岩石微观结构的改变越明显[191]。在本书第 3 章的分级加载蠕变试验中,而浸水岩样的饱水时间是一个试验周期,一般是 5~6 天。与实际岩石工程的时间尺度相比,试验时间是非常短的,但是可以推测的是,当岩石长期受到荷载与水的共同作用时,其蠕变特性较饱水情况下的更加显著。

综上所述,岩石在荷载和水的共同作用下,承载和吸水过程是同步进行的,恒定荷载导致蠕变裂纹的产生,促使水不断从岩石表面迁移到岩石内部并聚集在孔隙中,导致了裂隙处的孔隙水压力增大[52],引起裂纹尖端应力强度因子增大,从而加剧了岩石内部的裂纹扩展[165],反过来,岩石内部裂纹增多又为水的存在提供了更多的通道和贮存空间,从而扩大了水的物理化学作用。

4.5 本章小结

本章首先开展了初始含水率对Ⅱ类红砂岩蠕变特性影响的试验研究,通过建立蠕变力学参数与初始含水率的关系,从而分析初始含水率对岩石蠕变特性的影响。其次,通过比较蠕变前后岩石吸水性能的变化以及浸水岩石内部微观结构变化,采用间接的试验手段探究荷载与水共同作用机制。得到的主要结论如下:

(1)在荷载与水共同作用下,即便是初始饱和岩样,其蠕变特性仍然有显著的变化。瞬时应变和稳态应变率随含水率的增加呈指数形式逐渐增大,而蠕变应变和破坏时间随含水率的增加而减小。

(2)浸水岩石的微观结构遭到破坏,较大的颗粒被剥离成细小颗粒,而且大量微孔隙的产生使得结构变得疏松多孔。而且浸水时间越长,由水的物理化学作用而导致的岩石微观结构的改变越明显。岩石在蠕变过程中产生新的裂纹,提高了岩石的吸水性能,这有利于水进一步运移到新生裂缝尖端,加剧了水对裂纹尖端的物理力学作用,进而加速裂纹的扩展,这是在荷载与水共同作用下饱和岩样的蠕变力学特性依然显著变化的重要原因。

(3)岩土工程灾害往往与水的影响密不可分。以往关于饱水岩石的蠕变试验结果低估了水对岩石蠕变特性的影响,受荷载与水共同作用下的蠕变试验更加符合工程岩体长期处在水环境中的真实情况,本研究给出的在浸水条件下初始含水率不同的红砂岩蠕变试验结果将有助于准确地评估岩体工程的长期稳定性。

5

浸水条件下岩石蠕变破坏过程的数值模拟及其工程应用

在岩体工程中，比如库区岸坡或废弃矿井的遗留矿柱经常浸没在水中，此类结构的失稳破坏往往最为常见。岩体结构的失稳破坏与水对岩石力学性能的劣化作用密不可分。因此，开展水对岩石力学性能影响的研究，对提高岩体工程长期稳定性具有重要意义。目前，相关的研究主要集中在物理试验方面，采用数值方法研究水对岩石力学性质影响的研究相对较少。唐春安等[7]研究了岩石中的湿度扩散及由此引起的岩石流变效应，认为岩石的物理力学性质随湿度场的改变而会产生弱化，同时，岩石在应力作用下产生损伤将反过来改变岩石的湿度扩散特性，这两种作用相互影响进而造成了岩石变形具有时间效应。唐世斌和唐春安等通过建立湿度-应力-损伤耦合的理论模型，引入湿度扩散方程以及湿度对岩石力学性质弱化的量化关系，在真实破裂过程分析(realistic failure process analysis，简称 RFPA)软件的基础上进行开发并实现了岩石在湿度场下的变形和破坏分析,该方法的可行性已经在混凝土结构以及岩体工程中得到了证实,详细介绍可参考文献[8, 192-196]。

本章首先介绍这种考虑荷载和水分迁移耦合作用的数值计算方法,而后结合前几章得到的试验数据,确定数值计算模型参数,其次对小尺寸的岩石试件的蠕变过程进行数值模拟从而验证该方法的合理性和准确性,最后将这种计算方法应用到工程中为解决实际岩体工程问题而服务。

5.1 数值计算方法

5.1.1 岩石非均质性

岩石是一种天然复杂的地质材料,具有典型非均质性。Weibull 在 1939 年以“最弱环假设”为基本假设,提出了材料脆性破坏强度统计理论,并在此基础上提出了材料局部强度的分布函数,也即 Weibull 分布。这实际上是从概率统计学的角度研究结构的宏观统计强度,进而研究由脆性材料组成的结构的可靠性。在岩石工程中,Weibull 分布被广泛用于研究岩石的非均质特性。在所提出的数值模型中,假定岩石的力学性能服从一个特定的 Weibull 分布,其概率密度函数为

$$\varphi(\alpha)=\frac{m}{\alpha_0}\left(\frac{\alpha}{\alpha_0}\right)^{m-1}e^{\left(\frac{\alpha}{\alpha_0}\right)^m} \tag{5.1}$$

式中:α_0 近似等于所有单元的平均值,α 代表满足该分布的力学参数,而形状参数 m 则定义了 Weibull 分布密度函数的形状,在本书中将 m 定义为均质度系数。

图 5.1 给出了不同 m 值对应的分布函数。当 m 值由小到大变化时,α 的分布更趋于集中,概率密度函数由矮而宽到高而窄变化,由此说明常数 m 反映了数值模型中材料结构的均质性。

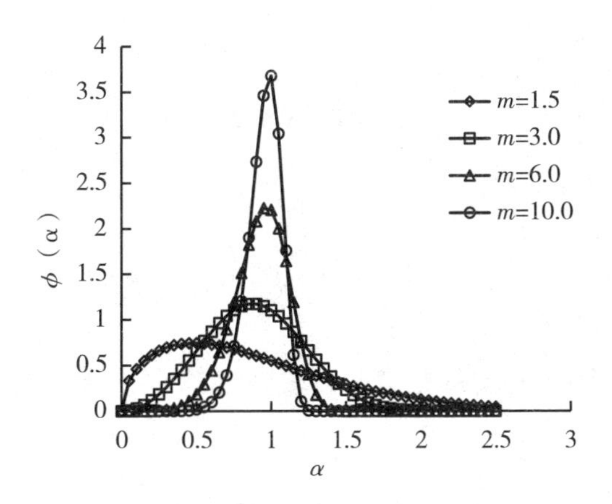

图 5.1　不同指数 m 的韦伯分布

5.1.2　岩石中水分迁移规律

假设水分在岩石内部的迁移规律符合 Fick 定律。利用扩散方程描述湿度扩散行为，所求得的岩体湿度场能够反映出湿度随时间以及空间的变化过程。其湿度扩散方程[8, 195, 196]为

$$\frac{\partial h}{\partial t}=\nabla(D_h\nabla h) \tag{5.2}$$

式中，h 为相对湿度；D_h 为湿度扩散系数。

在本章中，将变量湿度类比于岩石中的饱和度，饱和度用符号 S_r 表示，上式可改成

$$\frac{\partial S_r}{\partial t}=\nabla(D_{S_r}\nabla S_r) \tag{5.3}$$

式中，D_{S_r} 为水分扩散系数。

当求解该问题时，可设初始条件为

$$S_r=S_{r0}\quad x_i\in\Omega \tag{5.4}$$

其中，x_i 为区域 Ω 上的各点。

边界条件有两类，一类为本质边界条件，也叫狄里克雷边界条件，另一类为自然边界条件或黎曼边界条件。这两类边界条件分别可表示为

第一类边界条件：

$$S_r = \overline{S}_r \quad x_i \in \Gamma_1 \tag{5.5}$$

第二类边界条件：

$$-D_h \frac{\partial S_r}{\partial n} = \beta(S_r - S_{ren}) \quad x_i \in \Gamma_2 \tag{5.6}$$

式中，$\overline{S}_r$ 为区域边界 Γ_1 的饱和度；β 为区域界面 Γ_2 的水分交换系数；S_{ren} 为环境的饱和度。

5.1.3 水对岩石力学性能的弱化规律

考虑到水对岩石材料性能的弱化作用，假定岩石强度和弹性模量与饱和度之间的相互关系[8, 195, 196]用式(5.7)、式(5.8)表示：

$$\sigma_c = \begin{cases} \sigma_{c0} & S_r < S_{rc} \\ \sigma_{c0}\left(1 - \dfrac{S_r - S_{rc}}{1 - S_{rc}} w\right) & S_r \geqslant S_{rc} \end{cases} \tag{5.7}$$

$$E = \begin{cases} E_0 & S_r < S_{rc} \\ E_0\left(1 - \dfrac{S_r - S_{rc}}{1 - S_{rc}} \eta\right) & S_r \geqslant S_{rc} \end{cases} \tag{5.8}$$

式中，E 和 E_0 分别为当前和初始弹性模量；f_c 和 f_0 分别为当前和初始强度；S_r 是当前岩石的饱和度；S_{rc} 为临界饱和度，小于此数值时，岩土体的弹性模量和强度受水的影响甚小，可以忽略不计，而大于此值时，需考虑水对岩石材料性质弱化作用；参数 w 和 η 分别为强度和弹性模量的折减系数。

5.1.4 水对岩石的膨胀作用

对于一些水敏性的岩石材料，水对岩石的作用不仅体现在强度、弹模等力学性质的弱化方面，而且体现在吸水膨胀变形方面。岩石与水膨胀产生的变形可以表示为

$$\varepsilon_{\mathrm{h}}=\alpha(S_{\mathrm{r}})\Delta S_{\mathrm{r}} \tag{5.9}$$

式中，$\alpha(S_{\mathrm{r}})$为岩石膨胀系数。

岩石在水和荷载共同作用下产生的总变形为

$$\varepsilon_{\mathrm{ij}}=\varepsilon_{\mathrm{ij}}\sigma+\varepsilon_{\mathrm{ij}}S_{\mathrm{r}} \tag{5.10}$$

5.1.5 荷载作用下的岩石损伤

在 RFPA 系统中，假定岩石的基元介质在破坏前的力学性质用线弹性性质来描述，并将岩石在细观层次上的破坏分为拉伸和剪切破坏。根据岩石的弹性损伤模型[197]，岩石在应力作用下损伤后的结果是弹性模量的渐进降低。细观单元服从的损伤本构关系如图 5.2 所示。

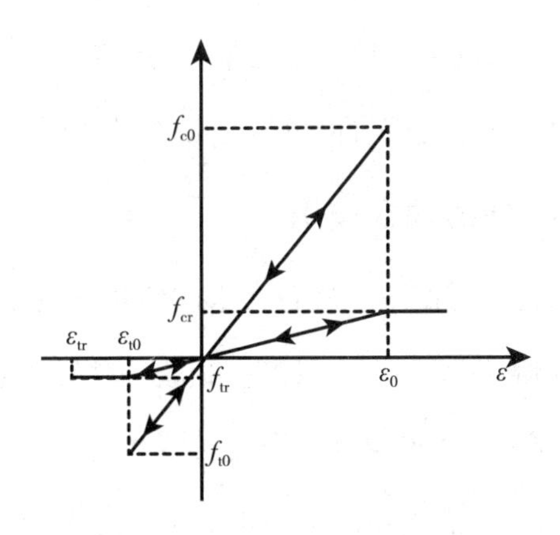

图 5.2 细观单元损伤本构模型

当单元处于拉伸状态时，运用拉伸破坏准则判断拉伸破坏的情形。如果细观单元产生拉伸损伤，则相应的损伤变量描述为

$$D=\begin{cases}0 & \varepsilon<\varepsilon_{\mathrm{t0}}\\ 1-\dfrac{\lambda\varepsilon_{\mathrm{t0}}}{\varepsilon} & \varepsilon_{\mathrm{t0}}\leqslant\varepsilon<\varepsilon_{\mathrm{tu}}\\ 1 & \varepsilon\geqslant\varepsilon_{\mathrm{tu}}\end{cases} \tag{5.11}$$

式中，λ 为单元的残余强度系数（0 ~ 1）；即 $\lambda=f_{\mathrm{tr}}/f_{\mathrm{t0}}$；$f_{\mathrm{t0}}$ 为细观单元的抗拉强度；f_{tr}

为损伤后单元的残余强度；ε_{t0} 为弹性极限拉应变，$\varepsilon_{t0}=-f_{t0}/E$；$E$ 为未损伤单元的弹性模量；ε_{tu} 为最大拉应变，即单元的拉应变达到该值时，单元完全失去承载能力。

当单元承受的剪应力超过其能承受的最大剪应力时，则产生剪切损伤。用摩尔-库伦准则判断剪切破坏的情况。

$$\sigma_1-\sigma_3\frac{1+\sin\varphi}{1-\sin\varphi}\geqslant\sigma_c \tag{5.12}$$

此时的力学损伤变量定义如下：

$$D=\begin{cases}0 & \varepsilon<\varepsilon_{c0}\\ 1-\dfrac{\lambda\varepsilon_{c0}}{\varepsilon} & \varepsilon\geqslant\varepsilon_{c0}\end{cases} \tag{5.13}$$

式中，λ 单元的残余强度系数(0 ~ 1)；ε_{c0} 为单元的最大压缩主应力达到其单轴抗压强度时所对应的最大压缩主应变，即 $\varepsilon_{c0}=f_{c0}/E$；$f_{c0}$ 为损伤单元的抗压强度。

5.1.6 应力-水-损伤耦合作用

岩石受到荷载和水的共同作用。岩石在水的软化作用下，其物理力学性能发生弱化，这导致岩石在荷载作用下更容易产生损伤并伴随裂纹萌生扩展甚至贯通成宏观裂缝，而岩石内部裂纹的产生为水分迁移提供了更多传输通道进一步加速了水分迁移速度，将会造成岩石材料的进一步弱化。由此可见，荷载与水对岩石的作用存在着相互影响相互促进的耦合关系。将这种耦合关系用以下方程表示：

$$D=\begin{cases}D_{S_{r,0}} & d=0\\ \xi D_{S_{r,d}} & 0\leqslant d<d_c\\ D_{S_{r,c}} & d\geqslant d_c\end{cases} \tag{5.14}$$

式中，$D_{S_{r,0}}$ 是岩石初始的水分扩散系数；d 是岩石损伤变量；d_c 是岩石损伤的一个临界值，当损伤变量大于该临界值时，水分扩散系数瞬时增大到一个常数值 $D_{S_{r,c}}$；$D_{S_{r,d}}$ 是单元第一次破坏时的水分扩散系数；ξ 为扩散突变系数。

5.2　数值计算模型及其参数的确定

本书第2~4章中详细介绍了岩石试件受水作用下的瞬时和蠕变力学试验及试验结果。关于如何使用真实破裂过程分析软件进行岩石类材料的建模,这里不再赘述,请参考《岩石破裂过程数值试验》一书[197]。

模型中的试件尺寸为100 mm×50 mm。该试件被离散成300×150个矩形单元。在试样的顶部和底部设置了上下加载垫块,用于模拟刚性试验机加载结构。模型中试件周围的蓝色实线代表水分,这里指的是饱和度。假定该试件为完全干燥的,则其初始饱和度为0。由于试件直接浸没在水中,因此该试件的表面饱和度为1,即为第一类边界条件。试件顶端承受一定的恒定应力。上压板在试件顶部受单轴恒定应力,下压板受约束以避免竖向位移。图5.3(a)是真实的试验图片。采用本章5.1的数值计算方法,建立岩石在浸水情况下的单轴压缩蠕变的数值计算模型,如图5.3(b)所示。

(a)试验图

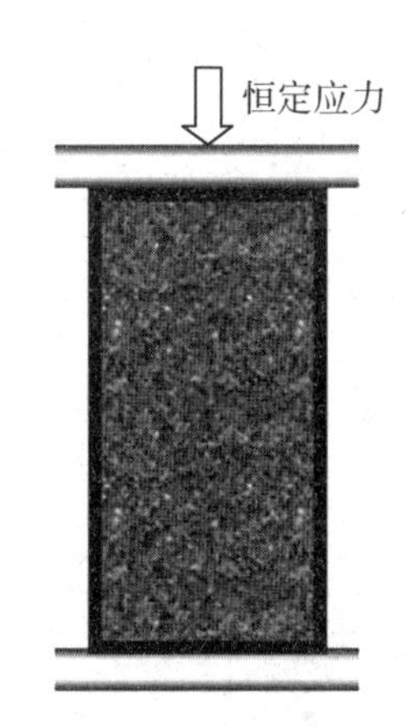

(b)数值模拟简化图

图5.3　浸水条件下岩石的试验及数值计算模型图

为保证数值计算结果的有效性,在进行数值计算之前有必要首先确定数值模型中的各个参数。具体的步骤如下:

首先通过本书第2章中Ⅱ类红砂岩的单轴抗压强度试验的试验结果,对试验数据的简单分析就可以得到岩石的强度、弹模、泊松比、强度和弹模的弱化系数等参数。本书的第2章中图2.16给出了Ⅱ类红砂岩的强度、弹性模量随含水率的变化关系。其中,干燥试件的平均单轴抗压强度是107.09 MPa,弹性模量是16.87 GPa,泊松比是0.26。这里将含水率除以饱和含水率即可得到岩石的饱和度,而后建立强度、弹性模量与饱和度之间的关系,如图5.4和图5.5所示。从图中可以看出,岩石的强度、弹性模量随饱和度增加而降低。用线性方程对试验结果进行了拟合,拟合方程如图中所示。在数值计算中,假设岩石强度和弹性模量与饱和度之间的相互关系服从式(5.7)和式(5.8)。结合物理试验得到的图5.4和图5.5中强度、弹模与饱和度的量化关系,通过简单的换算,即可获得强度、弹性模量的折减系数w和η的值。最终计算结果是,$w=0.503$,$\eta=0.345$。然后,将已知的强度、弹模、泊松比、强度和弹模的弱化系数等参数代入到计算模型中,通过反复试算不同均质度系数m、膨胀系数和扩散系数D等参数值,将数值计算结果与试验结果进行对比,最终确定参数值。通过计算发现,当均质度系数$m=3$、扩散系数$D=1\text{E}-8\ \text{m}^2/\text{s}$时得到的应力应变曲线与试验结果较为吻合,如图5.6所示。通过上述方法,得到了数值模型中的各个计算参数,如表5.1所示。

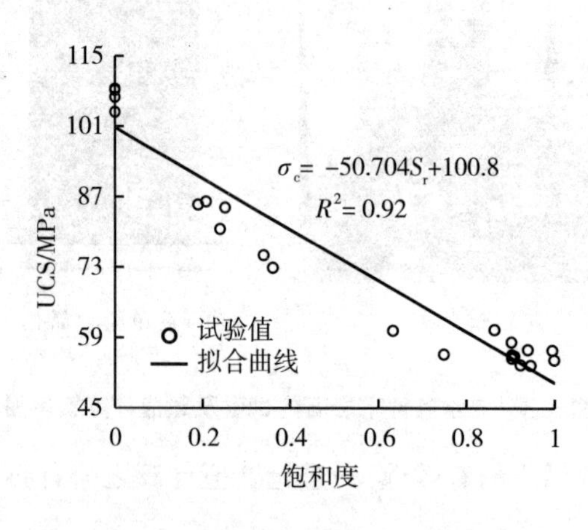

图5.4　强度随饱和度的变化关系

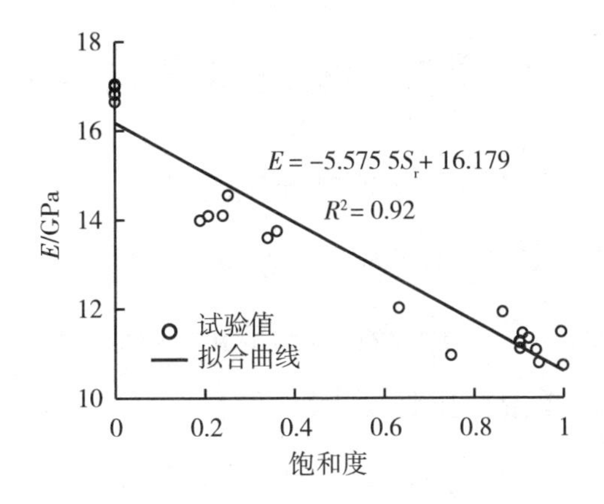

图 5.5　弹性模量随饱和度的变化关系

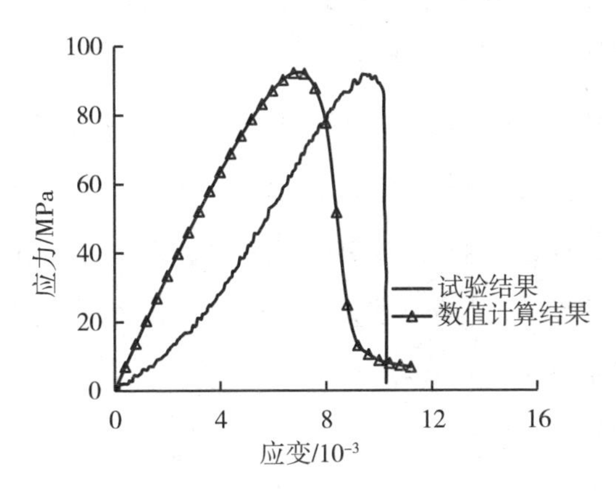

图 5.6　干燥试件浸水后的应力-应变曲线的数值和物理试验结果

表 5.1　数值计算参数

材料参数指标	数值	材料参数指标	数值
均质度系数	3	岩石膨胀系数	0.000 1
弹性模量/MPa	16 870	强度劣化系数	0.503
强度/MPa	107.09	弹模劣化系数	0.345
泊松比	0.26	岩块表面边界饱和度	1
水分扩散系数/(m^2/s)	1E-8	岩块初始饱和度	0

5.3 浸水条件下岩石蠕变破坏过程的数值模拟

5.3.1 干燥岩石试件的数值蠕变试验

为了说明浸水条件对岩石力学性质的影响作用,在对浸水岩石试件进行蠕变数值试验之前,首先对完全干燥岩石试件的蠕变破坏过程进行了数值模拟以作为对比试验。该模型的单轴抗压强度、弹性模量、泊松比、均质度系数等参数与表5.1相同。这里仅仅是一个恒定应力下的蠕变问题,不考虑水的影响。

一共对干燥状态的岩石进行了9组应力水平下的数值蠕变试验,其中施加的应力水平分别是干燥岩石抗压强度的30%、40%、50%、60%、70%、80%、85%、90%、95%,相应的应力大小分别为32.1、42.84、53.55、64.26、74.97、85.68、91.035、96.39、101.745 MPa。结果如图5.7所示。从图中可以看出,随着应力的增加,瞬时应变逐渐增大。当应力水平达到80%,即85.68 MPa时,岩石试件发生破坏,蠕变曲线呈现出加速蠕变阶段特征,当应力水平大于80%时,均会发生蠕变破坏,而且随着应力水平增加破坏时间缩短。

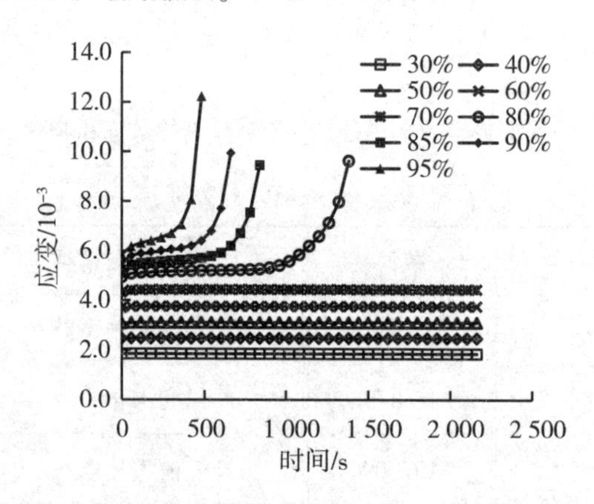

图5.7 干燥试件在不同应力条件下的蠕变曲线

5.3.2 浸水岩石试件的数值蠕变试验

浸水岩石试件的数值模型如图5.3(b)所示,计算参数见表5.1。数值试验中施加的应力水平与干燥状态岩石试件一致,同样是干燥单轴抗压强度的30%、

40%、50%、60%、70%、80%、85%、90%、95%。图 5.7 给出了 9 个应力水平下的蠕变试验结果。从图中可以看出,在 30%的应力水平下,蠕变曲线有初始蠕变和稳态蠕变两个阶段在这种情况下,试件将长期处于稳定状态。根据岩石蠕变特性可知,当应力水平超过临界值时,应变率将急剧增加最终导致岩石破坏。比如,在 40%应力水平下,即 42.84 MPa 时,数值模型最终发生蠕变破坏,蠕变曲线包括初始蠕变、稳定蠕变和加速蠕变阶段。当应力水平继续增大,模型达到蠕变破坏的时间越来越短。比如,如图 5.8 所示,当应力水平为 40%时,破坏时间为 3 480 s,当应力水平增大到 60%时,破坏时间为 1 260 s,当应力水平增大到 85%时,破坏时间仅为 120 s。

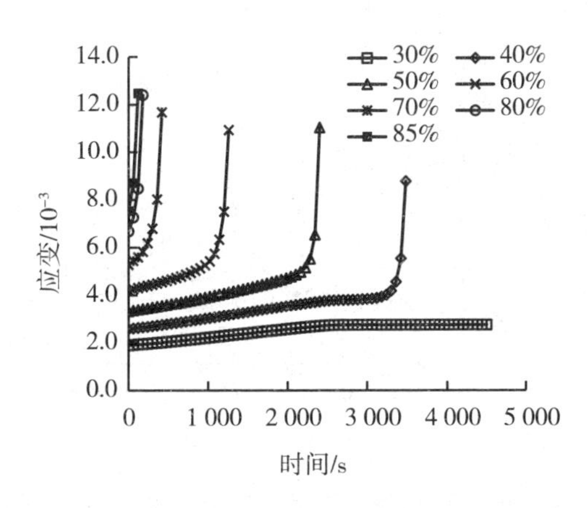

图 5.8 浸水试件在不同应力条件下的蠕变曲线

建立应力水平与模型蠕变破坏时间的关系,如图 5.9 所示。从图中可以看出,随着应力水平的增加,破坏时间服从指数函数降低的趋势。拟合曲线及方程如图所示。这个结果与第 4 章中图 4.4 所得到的物理试验结果十分一致。这说明,采用本章数值计算方法可以模拟岩石受水影响作用下的蠕变破坏行为,且所得的数值计算结果与物理试验所得的规律吻合较好。此外,将相同应力水平下的干燥模型与浸水模型相比,破坏时间明显缩短。以 85%的应力水平为例,如图 5.10 所示,尽管干燥模型和浸水模型均在这个应力水平下破坏,受水作用后的浸水模型发生蠕变破坏的时间为 120 s,远远小于干燥模型的破坏时间 840 s。这说明,与干燥状态下的模型相比,浸水模型由于受到水的弱化作用,使得其蠕变行为更加显著。

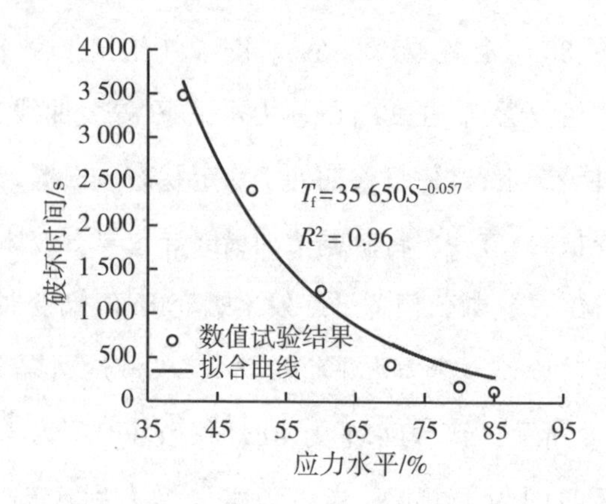

图 5.9 应力水平与蠕变破坏时间的关系

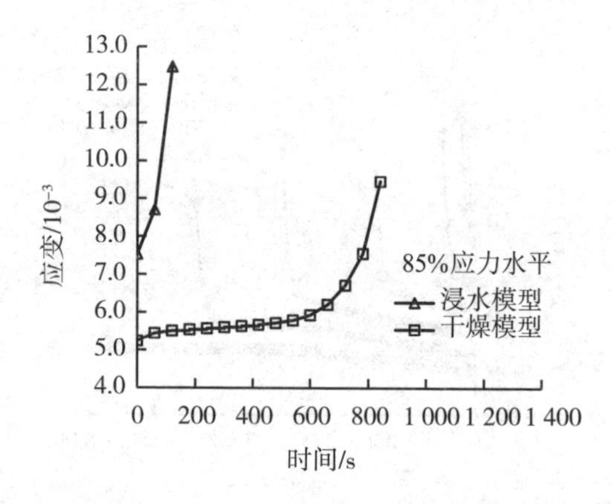

图 5.10 85%应力水平下浸水和干燥模型破坏时间的比较

以 60%应力水平下浸水模型为例,详细介绍其在应力和水分迁移共同作用下的蠕变破坏过程。图 5.11 给出了浸水模型内随时间变化的水分分布情况。由于模型表面饱和度高于模型内的饱和度,所以在水分梯度的作用下水分从模型表面向内部迁移。从图中可以看出,岩石内的水分含量随时间增加而增大。当 $t=60$ s 时,水分仅向模型内迁移了一小段距离。然而,当 $t=960$ s 时,水分几乎迁移到岩石中心位置。由于水分梯度越大,水分迁移速率越大,反之亦然。随着模型饱和度的增加,水分梯度减小。这导致相同时间内模型的吸水率降低,弹模的弱化程度随之降低。如果应力水平较低时,岩石内部只发生轻微损伤,蠕变量十分有限,当模型完全饱和后,水对强度、弹模的弱化作用不再发生,那么模型位移最终收敛。然而,当应力水平足够大时,比如,60%,随着时间发展,岩石内部逐渐产生损伤,进而导致裂纹的萌生扩展,这促使水分继续向内部迁移,进一步导致岩石试样强度的弱化,最终造成蠕变破坏的发生。

图 5.11 蠕变过程中水分分布情况

图 5.12 给出了 60%应力水平下在岩石内部随时间变化的应力分布情况。在 60 s 时,试样的应力变化很小。然而,当水分迁移持续 240 s 时,伴随着水分向模型内部迁移,导致了模型强度、弹模的降低,进而促使了微裂纹的发生。模型中微裂纹的形成是应力集中在裂纹尖端的结果,进一步加速了裂纹的扩展。这使得水分能够运移到模型内部,造成强度进一步降低和微裂纹的增多,最终裂纹贯通形成宏观裂缝,如图 5.12 中的 $t=960$ s 和 $t=1\ 200$ s。

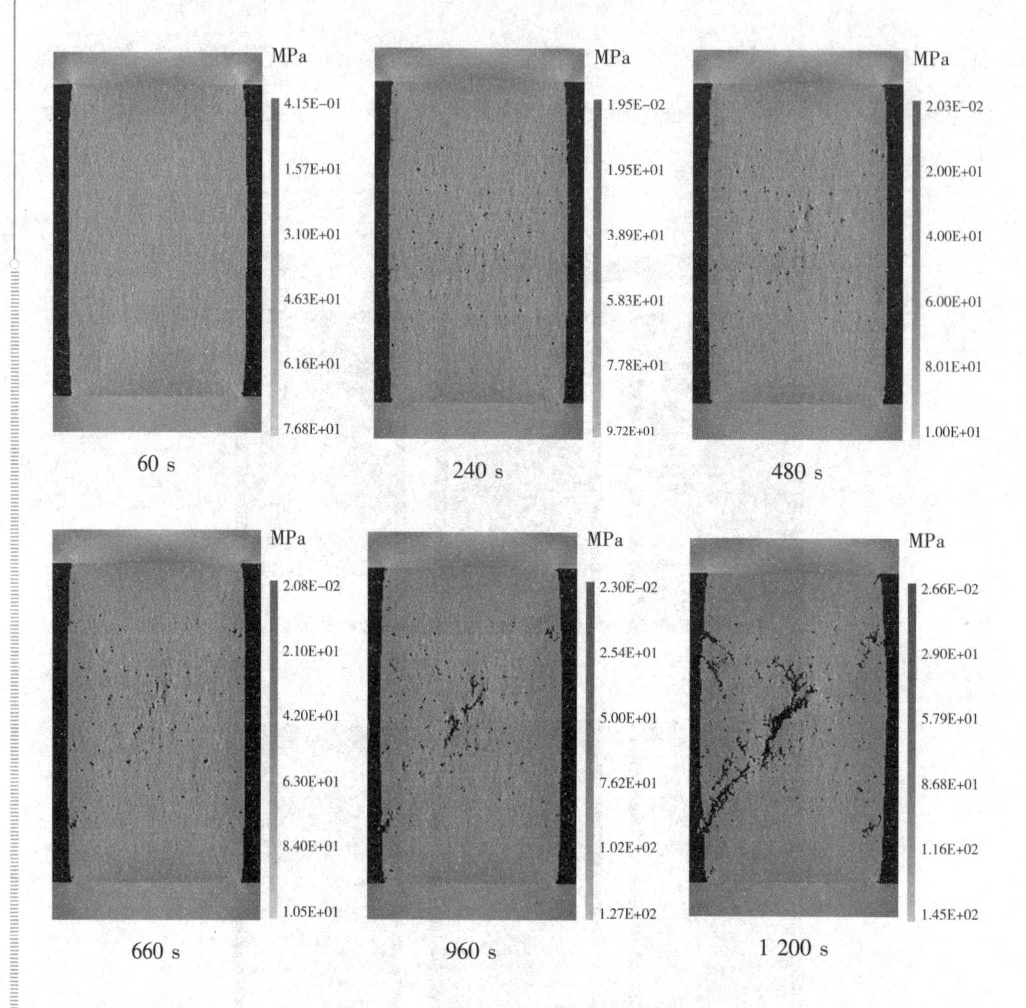

图 5.12　蠕变过程中应力分布情况

图 5.13 给出了浸水模型在蠕变过程中发生微破裂的情况。从图中可以看出，当对浸水模型施加 60%的应力水平时，岩石内部即刻产生大量损伤，并以微破裂的形式表现出来，图中红色为拉破坏、白色为压破坏，圆圈大小表示释放的能力大小。一旦应力水平恒定后，岩石内水分迁移对岩石力学性质的影响就显现出来。随着水分向岩石内部迁移，岩石内部的含水率增大，水所到之处都会引起岩石材料的性质弱化，这造成了岩石内部损伤的进一步发生，比如，在 480 s 时，在模型内部产生新的拉破裂，而且随着时间增大，微破裂数量越来越多，即在岩石内部产生的损伤区域越来越大，最终导致宏观裂纹的产生，模型发生失稳破坏。

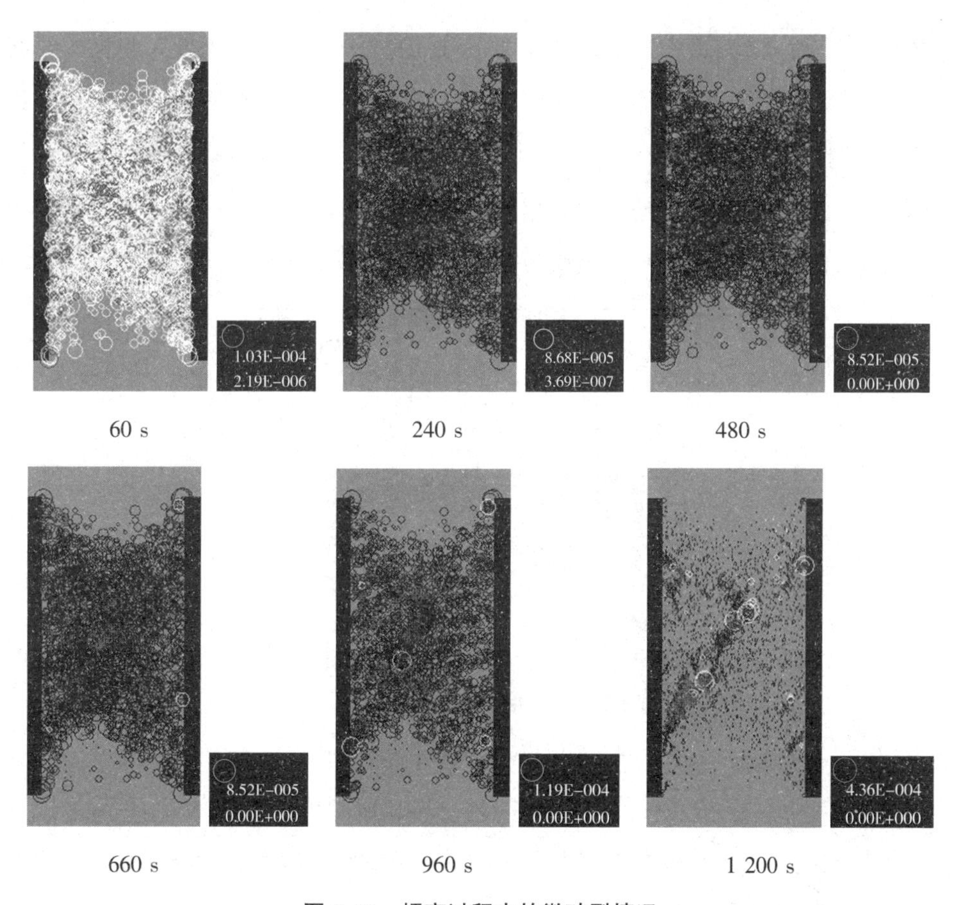

图 5.13　蠕变过程中的微破裂情况

5.4　时变型松动圈形成过程的数值模拟

5.4.1　围岩松动圈基础理论

我国的松动圈理论是自 20 世纪 70 年代末到 80 年代中期，董方庭教授等人在研究和实践中发展形成的[198]。现有的松动圈理论认为，围岩松动圈是围岩因应力扰动形成的破裂区，它的形成是地应力与围岩强度相互作用的结果，松动圈的大小与井巷的稳定性和支护的难易程度密切相关，松动圈越大，围岩稳定性就越差，支护也越难[198]。尽管松动圈的存在已经毫无争议，正如董方庭教授等所认识到的[198]，有关松动圈形成的机制和松动圈理论，还有许多需要进一步探索、完善和发展的地方，比如：支护能够有限的控制变形，但不能阻止松动圈的发展，这与围岩应力状态改变导致松动圈产生的理论基础不符;围岩松动圈的形成具有明显的时间效应,但是目前的松动圈理论还不能对这种时间效应给以准确的物理解释和理论描述;声波检测测定的围岩松动圈大小是否就是围岩因应力扰动形成的破裂区值得商榷;在文献[198]介绍的松动圈相似模拟试验中,模拟材料的单轴抗压强度为1.0 MPa,试验过程施加的最大载荷为6.5 MPa,如图 5.14 所示。

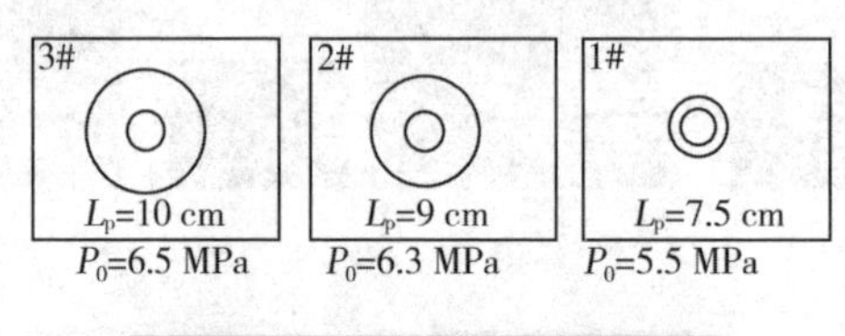

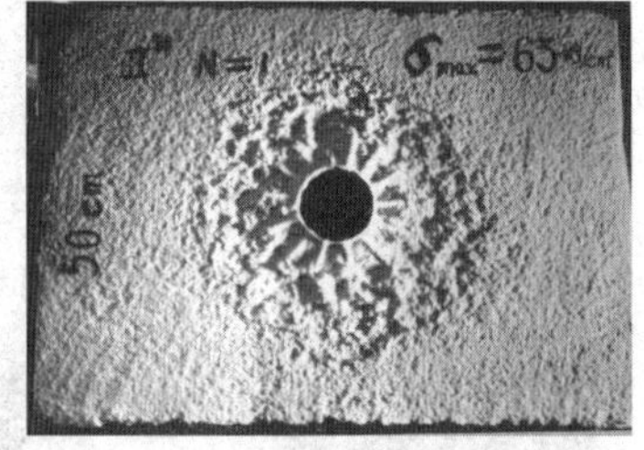

图 5.14　相似模拟试验得到的松动圈[198]

根据《岩土工程勘察规范》(GB 50021—2001),当单轴抗压强度 R_c 与最大主应力 1 的比值小于 4 为极高地应力。在这个模拟试验中最大载荷与强度之比已经达到 6.5,这显然是一种高围压工况,相当于巷道井深已达数千米,但是实际工况中,低应力情况下也可以发现围岩松动圈的存在。

按照松动圈形成的时间性,可分为两种类型:一是即时型松动圈,它是由于开挖扰动、爆炸爆破等引起的短期破坏。这种情况下的松动圈也叫开挖扰动区,简称EDZ。这种类型的松动圈在开挖后不久就形成了,如果在施工方式上采用边开挖边支护的方式能够有效防止这类松动圈的形成。二是涉及围岩的长期变形,与围岩的时效性变形有关,称为时变型松动圈。这类松动圈的形成在时间上具有滞后性,可能在开挖数天后或数年后产生。在地下空间的建设中,如地铁、天然气储存区和核废料储存库等工程的施工周期长且设计使用年限久远,因此这类松动圈形成的时间效应问题变得非常重要。影响松动圈形成的因素很多,开挖扰动、爆炸爆破等影响因素已被人们着重关注。然而,人们对于导致松动圈时变特征的因素关注不足,比如说岩石流变特性、水(汽)、温度等环境因素。

由前面几章的内容可知,目前的关于水分或湿度对岩石力学行为的影响的试验研究很多。除此之外,随着现场监测技术的发展,目前关于隧道围岩变形的现场观测数据也很丰富。比如,Rejeb 和 Cabrera[199, 200]观测到在 1999 年至 2002 年间位于法国 Tournemire 页岩中一个廊道围岩位移与相对湿度(RH)密切相关。图 5.15 为 1996—2002 年廊道相对湿度(RH)变化引起的位移随时间的变化。从图中可以看出,廊道内相对湿度随季节变化在 40%~100%,廊道围岩会导致收缩或膨胀。Rejeb 认为,相对湿度每循环产生的循环位移随着循环次数的增加而减小[199]。这意味着收缩/膨胀周期产生了不可恢复的应变,这一现象导致了松动圈的产生。现场观测的方法固然能够获得松动圈随时间演化规律,但是需要耗费较长的时间才能取得完整可靠的数据,进而增加了施工成本。如果可以用数值计算的方法模拟隧道围岩松动圈随时间形成的过程,就可为现场观测和支护提供帮助。然而,目前关于水汽环境中围岩松动圈形成的时间效应的数值模拟研究尚且不足。

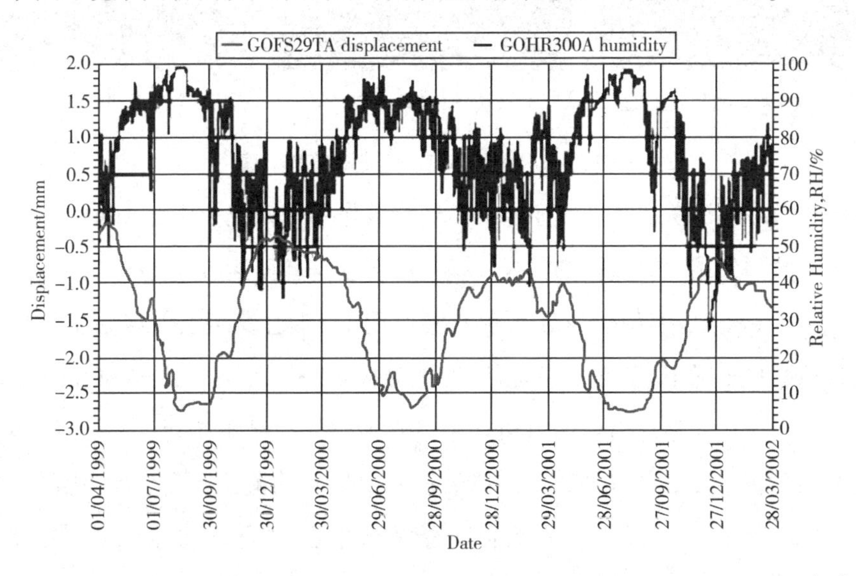

图 5.15　1999—2002 年,Tournemire 页岩中一个廊道相对湿度与相关位移的变化[200]

由于许多煤岩巷道或地下工程经常处于一种高水汽环境中,特别是对于一些遇水容易膨胀的岩石介质,水汽环境对围岩松动圈的形成有重要的影响作用。鉴于此,基于前面几个章节关于水对岩体物理力学性能弱化的基本认识,本节采用

5.1介绍的力与水分迁移耦合模型来模拟岩石在水汽环境中软岩巷道松动圈的时变发展，通过分析无防水加固以及有防水加固两种情况下水对隧道围岩稳定性的影响，从而探索水汽环境中时变型围岩松动圈形成的源动力。

5.4.2 数值模型

模型尺寸为20 m×20 m，划分成500×500(共25万)个正方形单元。隧道为U形，宽3.5 m，顶高3.5 m。在进行初步建模时，可参考《岩石破裂过程数值试验》一书，这里不再赘述。为了探究水汽环境下隧道围岩松动圈的形成过程，本小节设计了水汽环境中巷道的3种工况。模型图如图5.16所示。

(a)无荷载

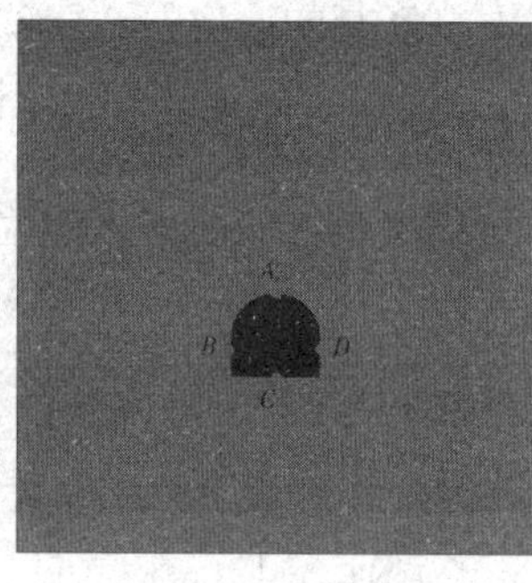

(b)无防水加固

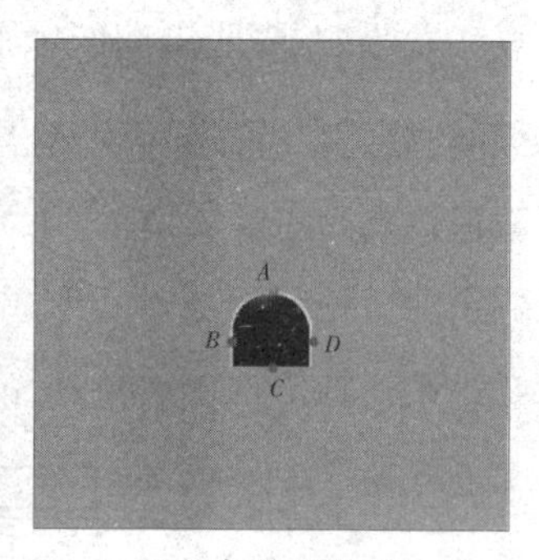

(c)有防水加固

图5.16 水汽环境中隧道计算模型图

图5.16(a)是模型在水汽环境中不受荷载作用的情况。图5.16(b)是模型受荷载与水共同作用下无支护的情况。喷射混凝土是新奥法隧道施工中常用的支护方式，图5.16(c)是模型受荷载与水共同作用下，巷道表面喷射混凝土支护的情况。在后两种工况中，模型底端固定，两侧施加2 MPa围压，上端施加1 MPa均布压荷载以用来代表上部岩体的自重。为更好地对模拟结果进行比对分析，本试验预定监测模型中A、B、C、D四点的变形量，其中A点为隧道顶部，B点为隧道左侧边墙处，C点为隧道底板处，D点为隧道右侧边墙处。为了模拟水汽环境中软岩巷道松动圈的形成过程，模型中设定空气湿度为100%，即隧道围岩表面初始饱和度为1.0，隧道围岩的初始饱和度为0.2。采用平面应变模型，运用摩尔库伦破坏准则分析。假设巷道围岩为水敏性岩石，岩性较差，支护所用的混凝土为C40，其余材料参数如表5.2所示。

表 5.2 模型参数

材料参数指标	围岩	防水加固层
弹性模量/MPa	1 000	30 000
强度/MPa	18	40
泊松比	0.35	0.25
密度/(kg/m^3)	2 500	2 600
水分扩散系数/(m^2/s)	1e-7	1e-9
膨胀系数	0.006	0.000 1
材料劣化系数	0.6	0.3
巷道围岩边界饱和度	1.0	1.0
岩块初始饱和度	0.2	0.2
围压/MPa	2	2

5.4.3 数值试验结果

5.4.3.1 无荷载作用的情况

图 5.17~图 5.19 分别给出了水汽环境中无荷载作用时巷道围岩的水分分布、应力分布和微破裂发生的情况。从图 5.17 中可以看出,由于围岩表面的饱和度大于围岩本身,促使了水分随时间增加而向岩石内部迁移。

结合图 5.18 和图 5.19 来看,当水分迁移到围岩内部后,由于水的弱化作用,围岩的强度和弹模发生衰减,水分梯度导致应力的积累,受水弱化的区域,有明显的应力集中现象,如图 5.18 所示,而且伴随着水分向围岩内部继续迁移,由此产生的材料弱化圈在逐渐增大。当应力超过围岩的强度时,就会有损伤发生,如图 5.19 所示。一开始损伤在巷道左侧边墙和墙角部位,随着水分向围岩内部迁移,水对围岩的弱化作用逐渐加深,损伤逐渐增多,如图 5.19(f) 中的右侧墙角也出现了损伤。数值计算结果表明,水在围岩内部迁移是一个与时间空间相关的过程,围岩遇水后其材料性质发生劣化,且劣化区域随时间变大,即使没有荷载作用的情况下,同样会造成围岩内部损伤的产生。

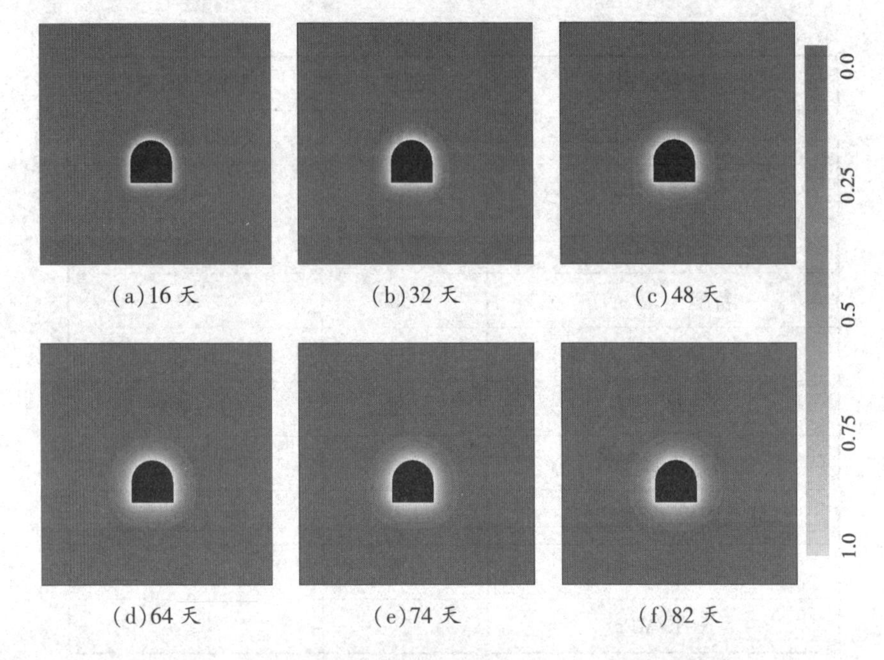

图 5.17　水汽环境中无荷载作用时巷道围岩的水分分布

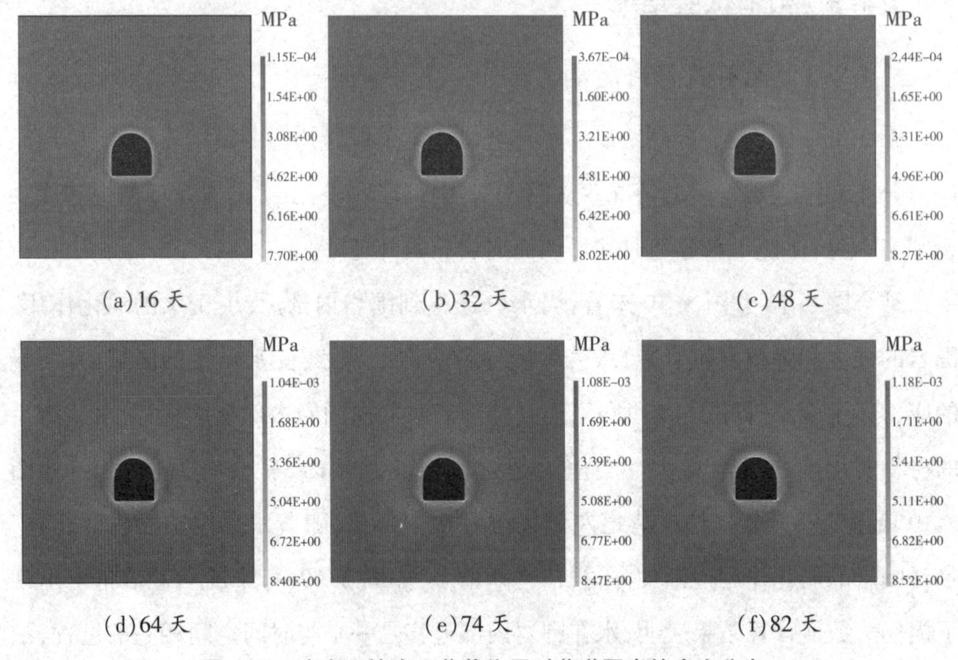

图 5.18　水汽环境中无荷载作用时巷道围岩的应力分布

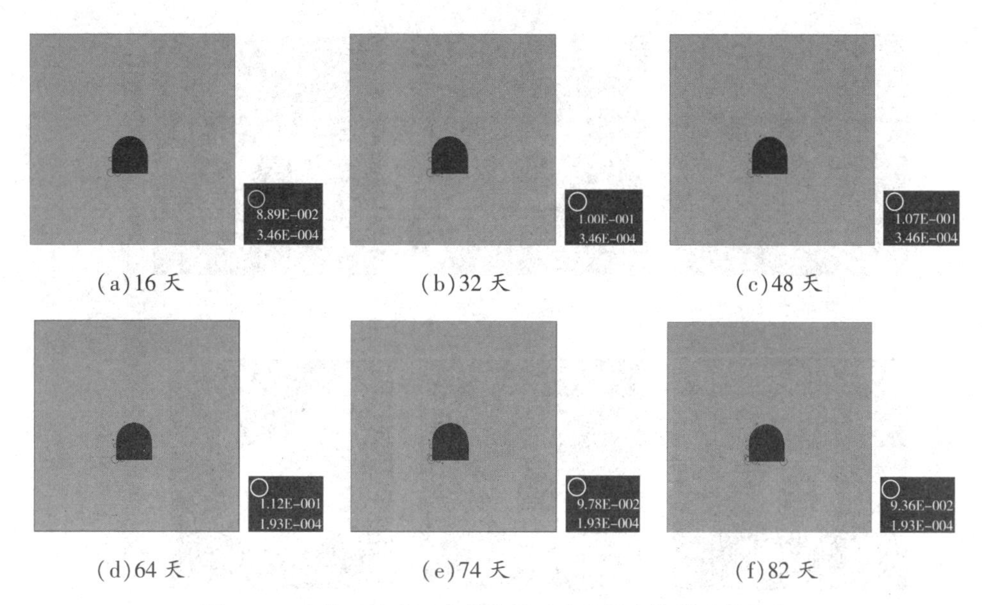

(a)16 天　(b)32 天　(c)48 天

(d)64 天　(e)74 天　(f)82 天

图 5.19　水汽环境中无荷载作用时巷道围岩的微破裂分布

5.4.3.2　受荷载与水共同作用的情况

隧道围岩暴露在潮湿的空气中时,由于围岩表面的饱和度大于内部的饱和度,在水分梯度的作用下,水气将逐渐向围岩内部迁移,导致接触岩体的力学性质弱化,继而产生破坏。

图 5.20 给出了水汽环境中隧道围岩受荷载和水分迁移共同作用下的水分分布及破坏情况。图 5.21 给出了相应的隧道围岩破坏过程中应力分布情况。结果表明,当巷道开挖后,围岩应力发生改变,当围岩应力超过材料强度时最初在隧道顶部、底板产生破坏现象,与此同时,水分从围岩表面向内部迁移,材料性质弱化加剧了损伤的发生,这反过来为水提供了迁移通道,促使水分进一步向隧道围岩内部扩展,破坏区不断增大,裂纹逐渐贯通、汇集。从图 5.20 和图 5.21(b)~(f) 可以看出,当围岩中宏观裂缝形成后,水分沿着裂缝方向迁移,遇水后的材料弱化圈也具有明显的方向性。在荷载和水共同作用下的围岩松动圈由不规则的应力破坏圈和规则的材料弱化圈两部分组成。在实际工程中,如若不进行加固处理或者隧道的强度较低时,将大幅增加施工作业的安全隐患,诱发隧道垮塌等灾害事故。

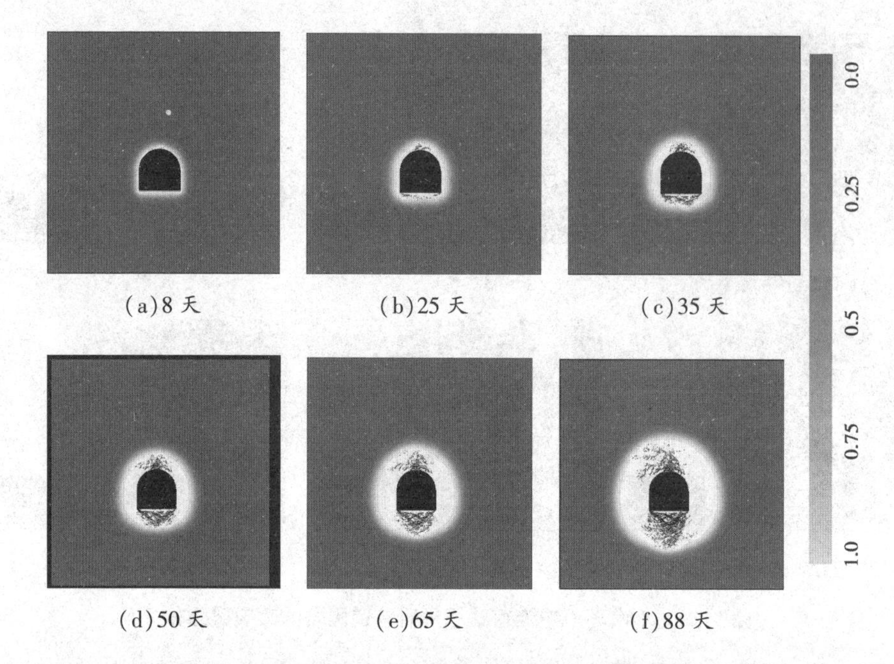

图 5.20 荷载与水共同作用下隧道围岩破坏过程中的水分分布

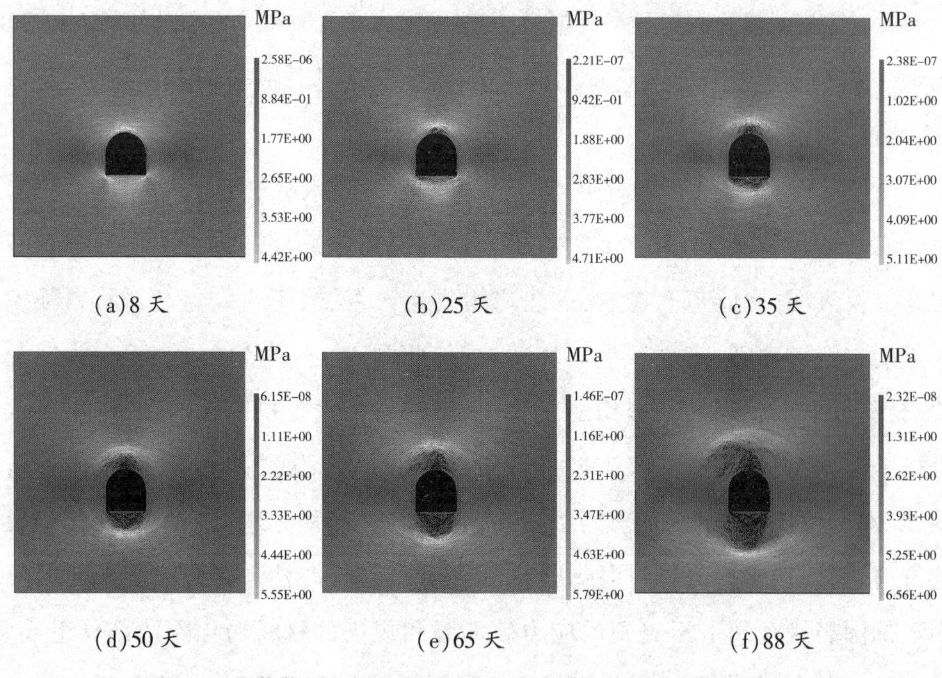

图 5.21 荷载与水共同作用下隧道围岩破坏过程中的应力分布

5.4.4 讨论

5.4.4.1 防水加固后情况

针对在水汽环境条件下,隧道开挖过程中岩体力学性能发生弱化,继而增大施工安全隐患这一问题,本小节就采取防水加固以及何时进行加固对隧道围岩变形的影响这两个问题进行讨论。图 5.22 和图 5.23 给出了水汽环境中防水加固后巷道围岩中水分分布和应力分布的数值模拟结果。对比图 5.20 和图 5.22 可以发现,由于加固材料的水分扩散系数小于隧道围岩的水分扩散系数,加固材料阻碍了水气在岩体中迁移速度,对隧道围岩起到了一定的保护作用,水气对岩体的劣化影响相对无加固情况下要改善很多,隧道底板处的破坏明显减少。从水分分布云图中也可以看出,加固之后隧道围岩受水影响的材料弱化区明显小于未加固的情况。

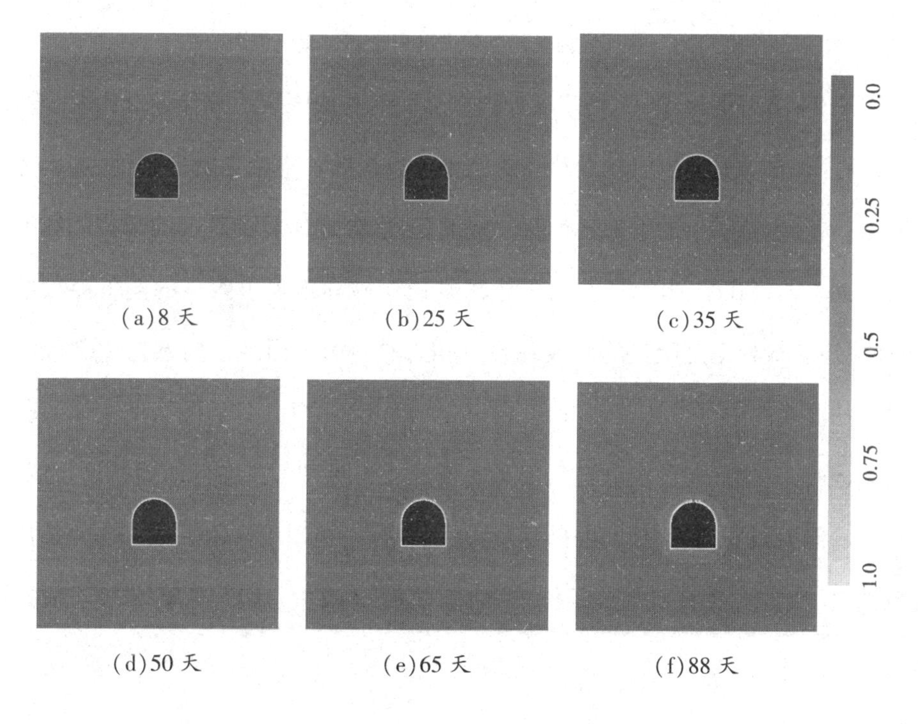

图 5.22 防水加固条件下隧道围岩破坏过程的水分分布

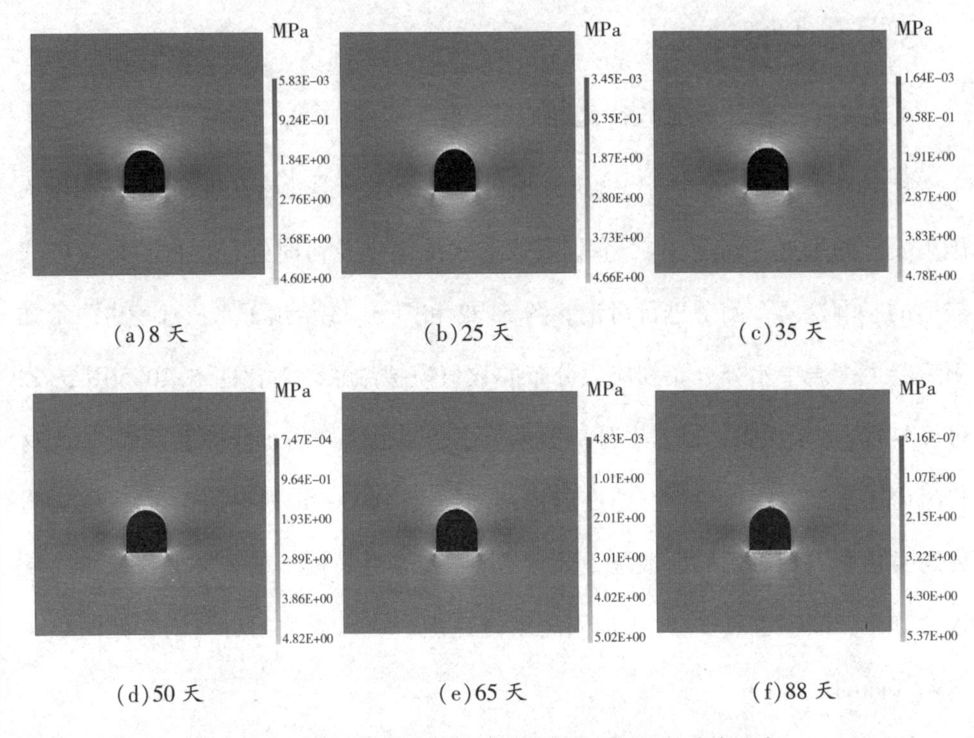

(a)8 天　(b)25 天　(c)35 天

(d)50 天　(e)65 天　(f)88 天

图 5.23　防水加固条件下隧道围岩破坏过程的应力分布

图 5.24 给出了 A、B、C、D 四点分别在加固前和加固后的位移量对比图。从图中可以看出,水对隧道围岩的弱化作用是不可忽视的。不论是隧道顶部、边墙还是底板处,均产生了明显的变形。值得一提的是,水分迁移对隧道不同部位的影响存在很大的差异。在未加固情况下,隧道顶端由于破坏出现了明显的向下突出的现象,而隧道底板处则是明显的底鼓现象,同时,左右边墙出现了向巷道内部收缩的情况。从曲线图中可以清楚地看到,在进行加固措施之后,隧道围岩的变形量得到了明显的改善,这一现象在隧道顶部和底板处尤为明显。在进行加固措施之后,水分迁移的能力减弱,隧道顶部的破坏量大量的减少,在围压作用下顶部向下突出的现象消失。同样,底板处位移量相对加固前明显减少,底鼓现象得到了很好的缓解。

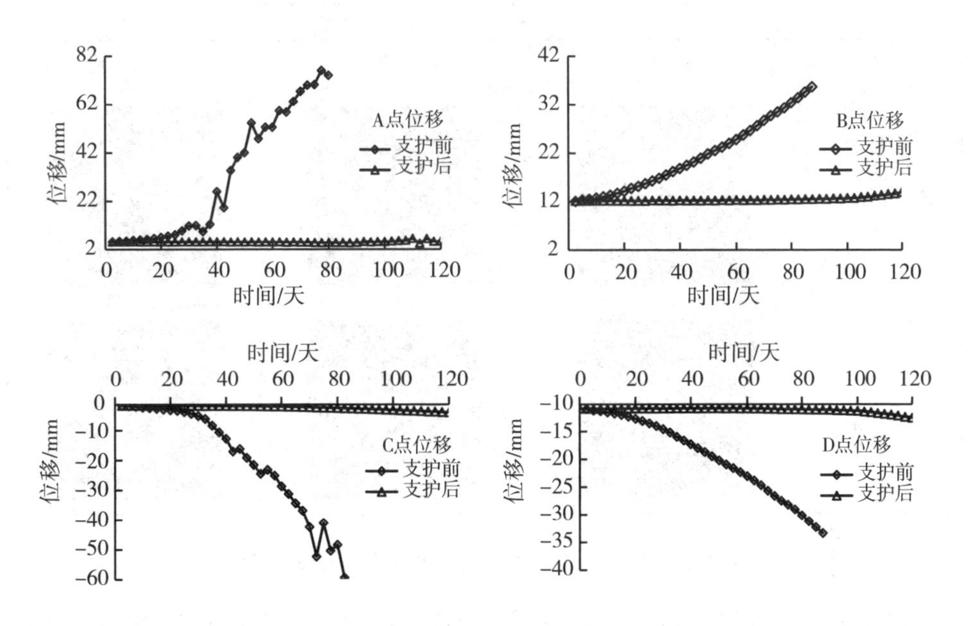

图 5.24 隧道 A、B、C、D 四点变形量随时间变化曲线

5.4.4.2 防水加固的时间效应

隧道的加固措施阻碍了水气在岩体中进一步的迁移,有效地降低了隧道围岩的破坏程度,提高了隧道的施工安全性。

不同的加固时间也将导致不同的防水加固效果,如图 5.25 所示。图 5.25 给出了隧道开挖后当天,25 天和 50 天三种加固时间下隧道围岩的破坏过程图。从图中可以看出越早对隧道采取加固措施,越能有效地减少围岩在水气作用下的破坏程度。换句话说,随着防水加固时间的推后,水气在围岩内部的迁移程度越发的明显,隧道顶部和底面的破坏也更加的趋于严重。

	(a)25 天	(b)50 天	(c)75 天
(A) 即刻支护			

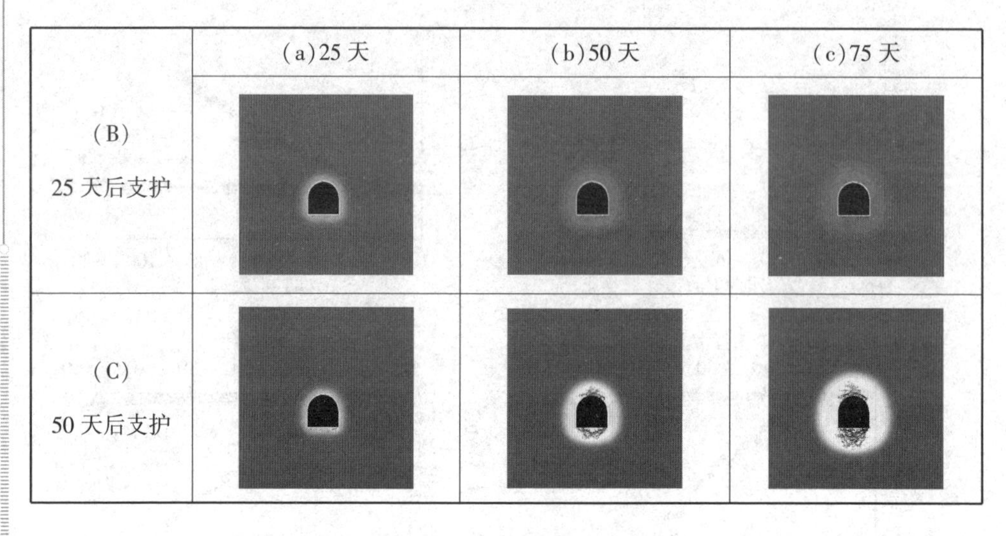

图 5.25　三种防水加固时间下隧道围岩的破坏过程

图 5.26 给出了隧道四个关键点的位移时间曲线图。可以看出,第 50 天加固的隧道的顶板、底板和边墙均发生了相对较大的位移情况,其隧道顶部向下突出,地面底鼓现象明显。随着防水加固之间的提前,这一现象也不断地得到了缓解。这说明,如果支护太晚,即使采取了支护措施也几乎起不到控制围岩变形的作用了。

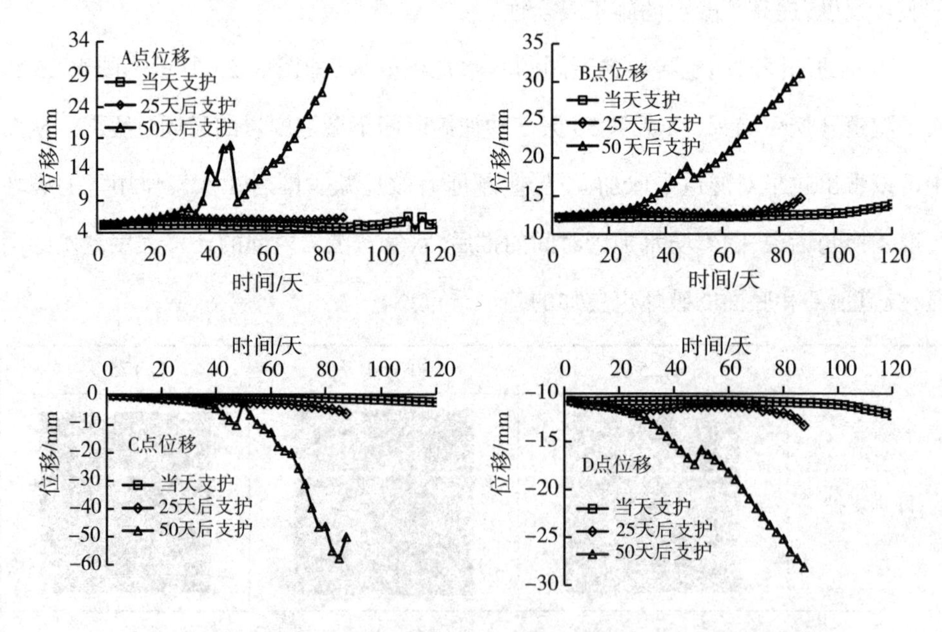

图 5.26　不同防水加固时间下隧道 A、B、C、D 四点位移时间曲线图

5.5 本章小结

本章采用了考虑应力-水-损伤耦合的数值计算方法模拟岩石在浸水条件下的蠕变破坏过程,进而针对水汽环境中隧道围岩松动圈的形成过程进行了研究,最后讨论了有无防水加固措施及何时加固对围岩变形的影响,得到了以下结论:

(1)考虑应力-水-损伤耦合的数值计算方法可以很好地再现岩石在浸水条件下的蠕变破坏过程,得到的数值计算结果与物理试验得到规律十分吻合。

(2)在水汽环境中,当巷道开挖后,围岩应力发生改变,当围岩应力超过材料强度时最初在隧道顶部、底板产生破坏现象,与此同时,水分从围岩表面向内部迁移,材料性质弱化加剧了损伤的发生,这反过来为水提供了迁移通道,促使水分进一步向隧道围岩内部扩展,破坏区不断增大,裂纹逐渐贯通、汇集。即使无荷载作用下,伴随着水分向围岩内部继续迁移,由于水的弱化作用,围岩的强度和弹模发生衰减,由此产生的材料弱化圈在逐渐增大。围岩松动圈是不规则的应力破坏圈和规则的水分弱化圈两部分组成。

(3)通过实施防水加固措施,加固材料阻碍了水气在围岩内部迁移的能力,减弱了水对隧道岩体弱化作用的影响,一定程度上保护了隧道围岩的稳定性,而且及时采取防水加固措施可有效控制隧道围岩松动圈的形成。

6 结论与展望

6.1 结 论

蠕变是岩石材料的固有属性，岩石在恒定荷载作用下会产生随时间相关的蠕变变形，并伴随着岩石内部产生不同损伤和开裂。一般地，水是导致岩石力学特性弱化及影响长期稳定性的重要因素。岩石在荷载作用下伴随着裂纹萌生扩展甚至贯通，这将形成大量的水分迁移通道，加快了水分的迁移速度，从而缩短了岩体结构的使用寿命。鉴于此，本书以细粒红砂岩为研究对象，开展了荷载和水作用下岩石瞬时和蠕变力学特性研究，分析不同条件下水的存在对岩石力学参数的影响。除试验研究外，对岩石在荷载与水作用下的蠕变破坏过程进行数值模拟。总结全文内容，得到的具体研究成果和结论如下：

(1)对不同含水率的红砂岩试件分别开展单轴压缩、三轴压缩及巴西劈裂试验,建立含水率与单轴强度、弹性模量、拉伸强度、黏聚力、摩擦角的定量关系,以及探究岩石的特征应力随含水率的变化关系。结果表明,红砂岩单轴压缩强度、拉伸强度、内摩擦角和黏聚力均随含水率的增加而呈负指数形式衰减;应力应变曲线上各特征应力及其与峰值应力之比随含水率的增加而降低;岩石的软化系数随围压增大而增大;水分对岩石抗拉强度的降低作用大于抗压强度;随着含水率的增大,试样破坏模式逐渐由劈裂破坏向剪切破坏过渡。

(2)环境的变化对红砂岩的蠕变行为有重要影响。利用自制的"环境试验箱"对表面无密封的Ⅰ类浸水红砂岩试件进行了分级加载蠕变试验,并对表面密封的干试样和饱和试样进行了对比试验。试验结果表明,随着应力增加,与干燥和饱和试件相比,在相同应力水平下,浸水试样的瞬时应变和蠕变应变最大,而且应力越高,他们之间差距越显著;浸水、干燥和饱和试件的稳态蠕变应变率随应力增加而呈幂指数增长,与干燥和饱和试件相比,浸水试件的稳态应变率最大,因此浸水试件的蠕变破坏时间最短,所需的破坏应力最小。

(3)通过对Ⅰ类和Ⅱ类红砂岩试件进行不同试验条件下的分级加载蠕变试验,区分蠕变试验结果中的瞬时应变、蠕变应变和总应变,将蠕变应变与总应变的百分比定义为变量β,试验结果表明,β值随应力增加具有先减小后增大的趋势,转折点处的应力被认为是导致蠕变破坏的临界应力。该应力可描述蠕变变形从稳定向非稳定发展,将此临界应力视为长期强度。在恒定荷载与水共同作用下,红砂岩的长期强度小于常规试验方式下的长期强度。用以往的试验方法得到的试验结果低估了水对岩石蠕变力学性质的影响,在岩体工程长期稳定性分析时,建议通过开展环境蠕变试验获得长期力学参数,或者将常规试验得到的数据进行适当折减。

(4)对初始含水率不同的Ⅱ类红砂岩开展不同应力水平下的蠕变试验。通过建立蠕变力学参数与初始含水率的关系,分析初始含水率对岩石蠕变特性的影响。结果表明,即便是初始饱和的岩石试件,在荷载和水的共同作用下,其蠕变特性仍然有显著的变化,瞬时应变和稳态应变率随含水率的增加呈指数形式逐渐增大,而蠕变应变和破坏时间随含水率的增加而减小;其次,通过比较蠕变前后饱水岩石吸水性能的变化以及浸水岩石内部微观结构变化,认为岩石的蠕变变形伴随着新裂隙产生,浸浴在水中的岩石,水分持续运移到新裂隙中,进一步与岩石介质结合,加剧了水对岩石的物理力学作用,这是浸水试件的蠕变特性比表面密封的饱和试件更加显著的原因。

(5)采用考虑应力-水-损伤耦合作用的数值计算方法,建立小尺寸岩石试件在浸水条件下的数值模型,结合试验数据确定模型参数,对不同应力水平下浸水模型的蠕变过程进行数值模拟,得到的数值计算结果与物理试验规律十分一致;用数值计算方法,再现水汽环境中围岩松动圈的形成过程,探讨围岩松动圈形成的时间效应机制,结果表明,水分在围岩内部迁移伴随着围岩性质的弱化是一个与时间相关的过程,这就是围岩松动圈形成具有时间效应的原因,水汽环境中围岩松动圈有应力导致的不规则的破裂圈和水分迁移导致的规则的材料弱化圈两部分组成,通过讨论有无防水加固方案及何时加固对围岩变形的影响,结果表明,及时采取防水加固的支护方案可以有效防止围岩变形。

6.2 创新点

本书创新之处主要体现在以下三点:

(1)提出一种确定岩石长期强度的新方法。

目前确定长期强度的方法,需要进行一系列不同荷载等级的蠕变试验,这些方法耗费的试验时间较长,数据处理工作量很大。而且,由于长期强度的确定方法不同,得到的结果也各有差异,从而造成了对长期强度研究的欠缺。鉴于此,本书通过分级加载蠕变试验发现,蠕变应变与总应变的比值β随着应力的增加呈现出先减小后增大的趋势,即在曲线趋势上存在临界点,因此,提出用应变比值最小时对应的应力作为长期强度。这种方法的优点是:用分级加载的方式减少了岩石试件的数量,从而缩减材料成本;试验时间根据每一级持载时间和应力等级数而定,在试验时间上是可控的;在数据处理方面,只需要找到蠕变曲线上应变的初始值和最终值,通过简单的计算就可以得到应变比 ,而后通过观察应变比和应力等级的关系曲线就可以获取岩石的长期强度,总之,试验过程和数据处理非常简易。

(2)采用一种考虑荷载与水共同作用研究岩石蠕变力学性质的试验方法,揭示了荷载与水共同作用对岩石蠕变力学性质的影响规律及其作用机制。

传统的试验方法针对含水率或者含水状态下岩石蠕变特性的研究相对较多,而关于荷载与水分运移共同作用下岩石蠕变特性的试验研究较少,关于荷载与水分运移共同作用下岩石蠕变破坏过程的数值模拟更是少见。因此,本书广泛开展考虑荷载与水共同作用的岩石环境蠕变试验,对比分析不同条件下水的存在对岩石蠕变特性的影响。通过浸水岩石的微观结构改变和蠕变损伤前后岩石吸水性能的改变间接地揭示荷载与水共同作用对岩石蠕变特性的作用机制。岩石在水中的蠕变变形产生新的裂纹,促进水进一步运移到新生裂缝尖端,从而加剧了水对裂纹尖端的物理力学作用,进而加速蠕变破坏的发生。采用数值计算方法,对岩石在荷载与水作用下的蠕变破坏过程进行数值模拟,从细观角度分析荷载与水共同作用对岩石蠕变特性的影响规律和作用机制。

(3)采用考虑水分迁移-应力-损伤耦合作用的数值计算方法,揭示了水分迁移引起岩石材料性质弱化是时变型松动圈形成的原因之一。

影响松动圈形成的因素很多,开挖扰动、爆炸爆破等影响因素已被人们着重关注。然而,人们对于导致松动圈时变特征的因素关注不足,比如说岩石流变特性、温度、湿度等环境因素。目前的关于水分或湿度对岩石力学行为的影响的试验研究很多。除此之外,随着现场监测技术的发展,目前关于隧道围岩变形的现场观测数据也很丰富。然而,关于水汽环境中围岩松动圈形成的时间效应的数值模拟研究尚且不足。因此,本书采用了一种耦合力学和水分迁移模型来模拟水汽环境中岩石松动圈的时变发展。随时间变化的变形是由一个或多个力和水引起的材料性能的渐进破坏/退化的宏观结果。围岩损伤是由水分迁移和应力共同作用引起的,围岩松动圈是不规则的应力引起的破裂圈和规则的水分弱化引起的材料劣化圈两部分组成。通过讨论有无防水加固以及何时防水加固对隧道围岩稳定性的影响,认为及时采取防水加固措施可有效控制隧道围岩松动圈的形成。

6.3 展 望

受限于作者的知识水平和试验条件,结合国内外相关领域的研究现状及本书的研究成果,作者认为本书的研究工作还有进一步完善的空间。作者以为可以就以下几个方面开展后续工作。

(1)书中提到的环境试验箱的功能单一,如果能够设计更加智能化的注水放水的方式,且安装声发射等检测设备就可以获取更多的数据信息。此外,岩石种类多种多样,性质千差万别,即使是同一岩石类型,不同地点的矿物和地质力学性质不同,那么水的影响作用也可能不同。因此,需要对更多种类的岩石进行独立的研究,才能了解它们各自的水弱化特征,进而分门别类地建立试验成果的数据库以供工程人员参考,这将是值得考虑的一个方向。

(2)本书第5章中提到的水分迁移过程是一个简化的二维问题,但是在实际的工程问题中,水的迁移是一个跟时间空间有关的复杂的多维问题。明确水在岩石中的分布规律及建立合理的力学参数弱化方程,并对岩石在水分迁移条件下多维蠕变破裂过程进行全面分析,进而结合大规模并行计算方法来求解实际的大尺度岩石工程问题,是后续研究的一个重要方向。

(3)就实际岩体而言,除了水的影响外,还会遭受多相和多场等复杂环境因素的影响,探索岩石在多相、多场耦合作用环境下的长期变形、损伤与破裂行为也将是一个很重要的方向,所得成果将具有十分重要的理论和工程意义。

参考文献

[1]杨圣奇. 岩石流变力学特性的研究及其工程应用[D]. 南京：河海大学，2006.

[2]PRICE N J. Fluids in the crust of the earth[J]. Science Progress, 1975, 62(245): 59-87.

[3]刘业科. 水岩作用下深部岩体的损伤演化与流变特性研究[D]. 长沙：中南大学，2012.

[4]AUVRAY C, HOMAND, FRANOISE, et al. The influence of relative humidity on the rate of convergence in an underground gypsum mine[J]. International Journal of Rock Mechanics & Mining Sciences, 2008, 45(8): 1454-1468.

[5]汪亦显. 含水及初始损伤岩体损伤断裂机理与实验研究[D]. 长沙：中南大学，2012.

[6]王永新. 水-岩相互作用机理及其对库岸边坡稳定性影响的研究[D]. 重庆：重庆大学，2006.

[7]唐春安，唐世斌. 岩体中的湿度扩散与流变效应分析[J]. 采矿与安全工程学报，2010，27(3)：292-298.

[8]唐世斌，唐春安. 湿度扩散诱发的节理岩体时效变形特性研究[J]. 水利学报，2008，39(3)：315-322.

[9]周莉. 深井软岩水理特性试验研究[D]. 北京：中国矿业大学(北

京), 2008.

[10]PRICE N J. The compressive strength of coal measure rocks[J]. Colliery Eng, 1960, 37(437): 283-292.

[11]EECKHOUT E M V, PENG SYD S. The effect of humidity on the compliances of coal mine shales[J]. International Journal of Rock Mechanics & Mining Sciences & Geomechanics Abstracts, 1975, 12(11): 335-340.

[12]CHUGH Y P, MISSAVAGE ROGER A. Effects of moisture on strata control in coal mines[J]. Engineering Geology, 1981, 17(4): 241-255.

[13]HAWKINS A B, MCCONNELL B J. Sensitivity of sandstone strength and deformability to changes in moisture content[J]. Quarterly Journal of Engineering Geology and Hydrogeology, 1992, 25(2): 115-130.

[14]VÁSÁRHELYI B. Some observations regarding the strength and deformability of sandstones in dry and saturated conditions[J]. Bulletin of Engineering Geology & the Environment, 2003, 62(3): 245-249.

[15]MOHAMAD E T, KOMOO IBRAHIM, KASSIM K A, et al. Influence of moisture content on the strength of weathered sandstone[J]. Malaysian Journal of Civil Engineering, 2008, 20(1): 137-144.

[16]ERGULER Z A, ULUSAY R. Water-induced variations in mechanical properties of clay-bearing rocks[J]. International Journal of Rock Mechanics & Mining Sciences, 2009, 46(2): 355-370.

[17]SHAKOOR A, BAREFIELD E H. Relationship between unconfined compressive strength and degree of saturation for selected sandstones[J]. Environmental & En-

gineering Geoscience, 2009, 15(1): 29-40.

[18]YILMAZ I. Influence of water content on the strength and deformability of gypsum[J]. International Journal of Rock Mechanics & Mining Sciences, 2010, 47(2): 342-347.

[19]LI D, WONG L N Y, GANG L, et al. Influence of water content and anisotropy on the strength and deformability of low porosity meta-sedimentary rocks under triaxial compression[J]. Engineering Geology, 2012, 126(7): 46-66.

[20]WASANTHA P, L P, RANJITH, et al. Water-weakening behavior of Hawkesbury sandstone in brittle regime[J]. Engineering Geology, 2014, 178(8): 91-101.

[21]YUEN W L N,CHUAN J M. Water saturation effects on the brazilian tensile strength of gypsum and assessment of cracking processes using high-speed video[J]. Rock Mechanics & Rock Engineering, 2014, 47(4): 1103-1115.

[22]陈钢林,周仁德. 水对受力岩石变形破坏宏观力学效应的实验研究[J]. 地球物理学报, 1991, 34(3): 335-342.

[23]朱珍德, 邢福东, 王思敬, 等. 地下水对泥板岩强度软化的损伤力学分析[J]. 岩石力学与工程学报, 2004, 23(z2): 4739-4743.

[24]朱珍德, 邢福东, 张勇, 等. 红山窑膨胀红砂岩湿化特性试验研究[J]. 岩土力学, 2005, 26(7): 1014-1018.

[25]杨春和, 冒海军, 王学潮, 等. 板岩遇水软化的微观结构及力学特性研究[J]. 岩土力学, 2006, 27(12): 2090-2098.

[26]孟召平, 彭苏萍,傅继彤. 含煤岩系岩石力学性质控制因素探讨[J]. 岩石力学与工程学报, 2002, 21(1): 102-106.

[27]ZHANG C H,ZHAO Q S. Triaxial tests of effects of varied saturations on strength and modulus for sandstone[J]. Rock & Soil Mechanics, 2014, 35(4): 951-958.

[28]刘新荣，李栋梁，张梁，等.干湿循环对泥质砂岩力学特性及其微细观结构影响研究[J].岩土工程学报，2016，38(7)：1291-1300.

[29]VUTUKURI V S. The effect of liquids on the tensile strength of limestone [J]. International Journal of Rock Mechanics & Mining Sciences & Geomechanics Abstracts, 1974, 11(1): 27-29.

[30]DUBE A K, SINGH B. Effect of humidity on tensile strength of sandstone [J]. Journal of Mines Metals & Fuels, 1972, 20(1): 8-10.

[31]OJO O, BROOK N. The effect of moisture on some mechanical properties of rock[J]. Mining Science & Technology, 1990, 10(2): 145-156.

[32]尤明庆,陈向雷,苏承东.干燥及饱水岩石圆盘和圆环的巴西劈裂强度[J].岩石力学与工程学报，2011，30(3)：464-472.

[33]ZHAO Z, YANG J, ZHANG D,et al. Effects of wetting and cyclic wetting-drying on tensile strength of sandstone with a low clay mineral content[J]. Rock Mechanics & Rock Engineering, 2016, 50: 1-7.

[34]邓华锋，张吟钗，李建林，等.含水率对层状砂岩劈裂抗拉强度影响研究[J].岩石力学与工程学报，2017，36(11)：2778-2788.

[35]ZHOU Z, CAI X, CAO W, et al. Influence of water content on mechanical properties of rock in both saturation and drying processes[J]. Rock Mechanics & Rock Engineering, 2016, 49(8): 3009-3025.

[36] PRIEST S D, SELVAKUMAR S. The failure characteristics of selected

british rocks [J]. Transp & Road Res Lab Rep, 1982: 246.

[37] VÁSÁRHELYI B, VÁN P. Influence of water content on the strength of rock [J]. Engineering Geology, 2006, 84(1): 70-74.

[38]周翠英, 邓毅梅, 谭祥韶, 等. 饱水软岩力学性质软化的试验研究与应用[J]. 岩石力学与工程学报, 2005, 24(1): 33-38.

[39] ROY D G, SINGH T N, KODIKARA J, et al. Effect of Water Saturation on the Fracture and Mechanical Properties of Sedimentary Rocks[J]. Rock Mechanics & Rock Engineering, 2017, 50(10): 2585-2600.

[40]贾海梁, 王婷, 项伟, 等. 含水率对泥质粉砂岩物理力学性质影响的规律与机制[J]. 岩石力学与工程学报, 2018, 37(7): 1618-1628.

[41] COLBACK P S B W B. The influence of moisture content on the compressive strength of rocks[C]. In: Proc 3rd Canad rock mech symp, 1965: 65-83.

[42] BURSHTEIN L S. Effect of moisture on the strength and deformability of sandstone[J]. Soviet Mining, 1969, 5(5): 573-576.

[43] DUPERRET ANNE T S, MORTIMORE RORY N, DAIGNEAULT M. Effect of groundwater and sea weathering cycles on the strength of chalk rock from unstable coastal cliffs of NW France[J]. Engineering Geology, 2005, 78(3): 321-343.

[44] ELIK M Y, ERHÜL AYSE. The influence of the water saturation on the strength of volcanic tuffs used as building stones[J]. Environmental Earth Sciences, 2015, 74(4): 1-17.

[45] VÁSÁRHELYI B. Statistical analysis of the influence of water content on the strength of the Miocene limestone[J]. Rock Mechanics & Rock Engineering, 2005,

38(1): 69-76.

[46]HADIZADEH J, LAW R D. Water-weakening of sandstone and quartzite deformed at various stress and strain rates[J]. International Journal of Rock Mechanics & Mining Sciences & Geomechanics Abstracts, 1991, 28(5): 431-439.

[47]REVIRON N, REUSCHLÉ T, BERNARD J D. The brittle deformation regime of water-saturated siliceous sandstones[J]. Geophysical Journal International, 2010, 178(3): 1766-1778.

[48]DUDA M, RENNER J. The weakening effect of water on the brittle failure strength of sandstone[J]. Geophysical Journal International, 2013, 192(3): 1091-1108.

[49]BROCH E. Changes in rock strength caused by water[C]. Proc. 4th Congr. ISRM, 1979, 1: 71-75

[50]LAJTAI E Z, SCHMIDTKE R H, BIELUS L P. The effect of water on the time-dependent deformation and fracture of a granite[J]. International Journal of Rock Mechanics & Mining Sciences & Geomechanics Abstracts, 1987, 24(4): 247-255.

[51]WONG L N Y, MARUVANCHERY V, LIU G. Water effects on rock strength and stiffness degradation[J]. Acta Geotechnica, 2015, 11(4): 1-25.

[52]EECKHOUT E M V. The mechanisms of strength reduction due to moisture in coal mine shales[J]. International Journal of Rock Mechanics & Mining Sciences & Geomechanics Abstracts, 1976, 13(2): 61-67.

[53]CHEN T C, YEUNG M R, MORI N. Effect of water saturation on deterioration of welded tuff due to freeze-thaw action[J]. Cold Regions Science & Technology, 2004, 38(2): 127-136.

[54] KARAKUL H, ULUSAY R. Empirical correlations for predicting strength properties of rocks from p-wave velocity under different degrees of saturation[J]. Rock Mechanics & Rock Engineering, 2013, 46(5): 981-999.

[55] DYKE C G, DOBEREINER L. Evaluating the strength and deformability of sandstones[J]. Quarterly Journal of Engineering Geology and Hydrogeology, 1991, 24(1): 123-134.

[56] SHENG H, XIA K, FEI Y, et al. An experimental study of the rate dependence of tensile strength softening of longyou sandstone[J]. Rock Mechanics & Rock Engineering, 2010, 43(6): 677-683.

[57] LASHKARIPOUR G R, AJALLOEIAN R. The effect of water content on the mechanical behaviour of fine - grained sedimentary rocks [J]. Geoengineering, 2000, 13.

[58] JIANG Q, CUI J, FENG X, et al. Application of computerized tomographic scanning to the study of water-induced weakening of mudstone[J]. Bulletin of Engineering Geology & the Environment, 2014, 73(4): 1293-1301.

[59] SILVA M R D, SCHROEDDR C, VERBRUGGE J C. Unsaturated rock mechanics applied to a low-porosity shale[J]. Engineering Geology, 2008, 97(1): 42-52.

[60] BAUD P, ZHU W L, WONG T F. Failure mode and weakening effect of water on sandstone[J]. Journal of Geophysical Research Solid Earth, 2000, 105(B7): 16371-16389.

[61] RISNES R, HAGHIGHI H, KORSNES R I, et al. Chalk-fluid interactions with glycol and brines[J]. Tectonophysics, 2003, 370(1): 213-226.

[62]冒海军,杨春和,黄小兰,等.不同含水条件下板岩力学实验研究与理论分析[J].岩土力学, 2006, 27(9): 1637-1642.

[63]冯夏庭, 王川婴,陈四利.受环境侵蚀的岩石细观破裂过程试验与实时观测[J].岩石力学与工程学报, 2002, 21(7): 935-939.

[64]FENG X T, CHEN S L, LI S J. Effects of water chemistry on microcracking and compressive strength of granite[J]. International Journal of Rock Mechanics & Mining Sciences, 2001, 38(4): 557-568.

[65]茅献彪,缪协兴.膨胀岩特性的细观力学试验研究[J].矿山压力与顶板管理, 1995, (1): 60-63.

[66]刘长武,陆士良.泥岩遇水崩解软化机理的研究[J].岩土力学, 2000, 21(1): 28-31.

[67]GOODMAN R E. Introduction to rock mechanics, Second ed[M]. Kidlington: Elsevier Science Ltd., 1980.

[68]DEMARCO M M, JAHNS E, RÜDRICH J, et al. The impact of partial water saturation on rock strength: an experimental study on sandstone Der Einfluss einer partiellen Wassersä ttigung auf die mechanischen Gesteinseigenschaften: eine Fallstudie an Sandsteinen[J]. Zeitschrift Der Deutschen Gesellschaft Für Geowissenschaften, 2007, 158(158): 869-882.

[69]MORROW C A, MOORE D E, LOCKNER D A. The effect of mineral bond strength an absorbed water on fault gouge frictional strength[J]. Geophysical Research Letters, 2000, 27(6): 815-818.

[70]杨慧.水-岩作用下多裂隙岩体断裂机制研究[D].长沙:中南大

学，2010.

[71]曹平，杨慧，江学良，等.水岩作用下岩石亚临界裂纹的扩展规律[J].中南大学学报(自然科学版)，2010，41(2)：649-654.

[72]GRIGGS D. Creep of Rocks[J]. Journal of Geology，1939，47(3)：225-251.

[73]孙钧,李永盛.岩石流变力学及其应用[C].岩石力学新进展，1989.

[74]孙钧.岩石流变力学及其工程应用研究的若干进展[J].岩石力学与工程学报，2007，26(6)：1081-1106.

[75]孙钧,王贵君.岩石流变力学[M].南京：河海大学出版社，2004.

[76]孙钧.岩石力学在我国的若干进展[J].西部探矿工程，1999，(1)：1-5.

[77]SCHOLZ C H. Mechanism of creep in brittle rock[J]. Journal of Geophysical Research，1968，73(10)：3295-3302.

[78]OKUBO S，NISHIMATSU Y，FUKUI K. Complete creep curves under uniaxial compression[J]. International Journal of Rock Mechanics & Mining Sciences & Geomechanics Abstracts，1991，28(1)：77-82.

[79]AYDAN，ITO T，ZBAY U，et al. ISRM Suggested Methods for Determining the Creep Characteristics of Rock[J]. Rock Mechanics & Rock Engineering，2014，47(1)：275-290.

[80]BRANTUT N，HEAP M J，MEREDITH P G，et al. Time-dependent cracking and brittle creep in crustal rocks：A review[J]. Journal of Structural Geology，2013，52(5)：17-43.

[81]LADANYI B. Use of the long-term strength concept in the determination of ground pressure on tunnel linings[C]. In：Proceedings of 3rd congress，international

society for rock mechanics, 1974, 2B: 1150-1165.

[82]崔希海,付志亮.岩石流变特性及长期强度的试验研究[J].岩石力学与工程学报, 2006, 25(5): 1021-1021.

[83]黎克日,康文法.岩体中泥化夹层的流变试验及其长期强度的确定[J].岩土力学, 1983, 4(1): 41-48.

[84]张龙云.硬脆性岩体卸荷非线性流变模型及工程应用[D].济南: 山东大学, 2016.

[85]DAMJANAC B, FAIRHURST C. Evidence for a long-term strength threshold in crystalline rock[J]. Rock Mechanics & Rock Engineering, 2010, 43(5): 513-531.

[86]SCHMIDTKE R H, LAJTAI E Z. The long-term strength of lac du bonnet granite[J]. International Journal of Rock Mechanics & Mining Sciences & Geomechanics Abstracts, 1985, 22(6): 461-465.

[87]ITO H. On Rheological Behaviour of In Situ Rock Based On Long-term Creep Experiments[C]. 7th ISRM Congress, 1991.

[88]ITO H. Rheology of the crust based on long-term creep tests of rocks[J]. Tectonophysics, 1979, 52(1): 629-641.

[89]ITO H S S. Long-term creep experiment on some rocks observed over three years[J]. Tectonophysics, 1980, 62: 219-232.

[90]ITO H K N. A creep experiment on a large granite beam started in 1980[J]. International Journal of Rock Mechanics & Mining Sciences & Geomechanics Abstracts, 1994, 31(4): 359-367.

[91]ITO H, SASAJIMA S. A ten year creep experiment on small rock specimens

[J]. International Journal of Rock Mechanics & Mining Sciences & Geomechanics Abstracts, 1987, 24(2): 113-121.

[92]HALLBAUER D K, WAGNER H, COOK N G W. Some observations concerning the microscopic and mechanical behaviour of quartzite specimens in stiff, triaxial compression tests[J]. Int. j. rock Mech Min. sci. & Geomech. abstr, 1973, 10(6): 713-726.

[93]HEAP M J, BAUD P, MEREDITH P G, et al. Time-dependent brittle creep in Darley Dale sandstone[J]. Journal of Geophysical Research Solid Earth, 2009, 114(B7).

[94]MA L. Experimental investigation of time dependent behavior of welded Topopah Spring Tuff[D]. Reno: University of Nevada, 2004.

[95]LAJTAI E Z, DZIK E J. Searching for the damage threshold in intact rock [C]. Rock Mechanics: Tools and Techniques, Proceedings of the 2nd North American Rock Mechanics Symposium: NARMS'96 A regional Conference of ISRM, 1996, 1: 701-708.

[96]MARTIN C D. The effect of cohesion loss and stress path on brittle rock strength[J]. Can Geotech J 1997, 34: 698-725.

[97]YP C. Viscoelastic behavior of geologic materials under tensile stress[J]. Trans Soc Min Eng AIME 1974, 256: 259-264.

[98]YANG C, DAEMEN J J K, YIN J H. Experimental investigation of creep behavior of salt rock[J]. International Journal of Rock Mechanics & Mining Sciences, 1999, 36(2): 233-242.

[99]PIERRE BÉREST H G, BENOIT BROUARD. Very slow creep tests on salt samples[J]. Rock Mechanics and Rock Engineering, 2019.

[100]PIERRE BÉREST B P A, CHARPENTIER J P, et al. Very slow creep tests on rock samples[J]. International Journal of Rock Mechanics & Mining Sciences, 2005, 42(4): 569-576.

[101]BÉREST P, BÉRAUD J F, GHARBI H, et al. A very slow creep test on an Avery Island salt sample[J]. Rock Mechanics & Rock Engineering, 2015, 48(6): 2591-2602.

[102]MISHRA BRIJES, V P. Uniaxial and triaxial single and multistage creep tests on coal-measure shale rocks[J]. International Journal of Coal Geology, 2015, 137: 55-65.

[103]FABRE G, PELLET FRÉDÉRIC. Creep and time-dependent damage in argillaceous rocks[J]. International Journal of Rock Mechanics & Mining Sciences, 2016, 43(6): 950-960.

[104]李永盛.单轴压缩条件下四种岩石的蠕变和松弛试验研究[J].岩石力学与工程学报, 1995, 14(1): 39-039.

[105]刘雄.岩石流变学概论[M].武汉：地质出版社, 1994.

[106]赵宝云, 刘东燕, 朱可善, 等.重庆红砂岩单轴直接拉伸蠕变特性试验研究[J].岩石力学与工程学报, 2011, 30(S2): 3960-3965.

[107]赵宝云.岩石拉、压蠕变特性研究及其在地下大空间洞室施工控制中的应用[D].重庆：重庆大学, 2011.

[108]BAO Y Z, DONG Y L, QIAN D. Experimental research on creep behaviors of sandstone under uniaxial compressive and tensile stresses[J]. Journal of Rock

Mechanics & Geotechnical Engineering, 2011, 3(S1): 438-444.

[109]赵开. 单轴拉伸条件下田下凝灰岩力学特性时间效应试验研究[D]. 重庆: 重庆大学, 2015.

[110]WU F T, THOMSEN L. Microfracturing and deformation of westerly granite under creep condition[J]. International Journal of Rock Mechanics & Mining Sciences & Geomechanics Abstracts, 1975, 12(5-6): 167-173.

[111]KRANZ R L. Crack growth and development during creep of Barre granite [J]. International Journal of Rock Mechanics & Mining Sciences & Geomechanics Abstracts, 1979, 16(1): 23-35.

[112]KRANZ R L. The effects of confining pressure and stress difference on static fatigue of granite[J]. Journal of Geophysical Research Solid Earth, 1980, 85(B4): 1854-1866.

[113]KURITA K, SWANSON P L, GETTING I C, et al. Surface deformation of Westerly granite during creep[J]. Geophysical Research Letters, 2013, 10(1): 75-78.

[114]HEAP M J, BAUD P, MEREDITH P G, et al. Brittle creep in basalt and its application to time-dependent volcano deformation[J]. Earth & Planetary Science Letters, 2011, 307(1): 71-82.

[115]LIN Q X, LIU Y M, THAM L G, et al. Time-dependent strength degradation of granite[J]. International Journal of Rock Mechanics & Mining Sciences, 2009, 46(7): 1103-1114.

[116]TAKEMURA T, ODA M, KIRAI H, et al. Microstructural based time-dependent failure mechanism and its relation to geological background[J]. International

Journal of Rock Mechanics & Mining Sciences, 2012, 53(1): 76-85.

[117]BAUD P, MEREDITH P G. Damage accumulation during triaxial creep of darley dale sandstone from pore volumometry and acoustic emission[J]. International Journal of Rock Mechanics & Mining Sciences, 1997, 34(3-4): 24. e1-24. e10.

[118]YANG S, JIANG Y. Triaxial mechanical creep behavior of sandstone[J]. Mining Science & Technology, 2010, 20(3): 339-349.

[119]CRUDEN D M, LEUNG K, MASOUMZADEH S. A technique for estimating the complete creep curve of a sub-bituminous coal under uniaxial compression [J]. International Journal of Rock Mechanics & Mining Sciences & Geomechanics Abstracts, 1987, 24(4): 265-269.

[120]陈宗基,康文法. 岩石的封闭应力、蠕变和扩容及本构方程[J]. 岩石力学与工程学报, 1991, 10(4): 299-299.

[121]王子潮,王绳祖. 地壳岩石半脆性非均匀蠕变本构模型[J]. 岩石力学与工程学报, 1990, 9(2): 164-164.

[122]谷耀君. 黄河小浪底细砂岩单轴压缩蠕变性质的研究[J]. 岩石力学与工程学报, 1986, 5(4): 17-32.

[123]范秋雁, 阳克青,王渭明. 泥质软岩蠕变机制研究[J]. 岩石力学与工程学报, 2010, 29(8): 1555-1561.

[124]陈晓斌, 张家生,安关峰. 红砂岩粗粒土流变机理试验研究[J]. 矿冶工程, 2006, 26(6): 16-19.

[125]YASUHARA H, ELSWORTH D,POLAK A. A mechanistic model for compaction of granular aggregates moderated by pressure solution[J]. Journal of Geophysi-

cal Research Solid Earth, 2003, 108(B11): 1-13.

[126]RENARD F, ORTOLEVA P , GRATIER J P. Pressure solution in sandstones: influence of clays and dependence on temperature and stress[J]. Tectonophysics, 1997, 280(3-4): 257-266.

[127]ROBIN P Y F. Pressure solution at grain-to-grain contacts[J]. Geochimica Et Cosmochimica Acta, 1978, 42(9): 1383-1389.

[128]CHOI J H, SEO Y S, CHAE B G. A study of the pressure solution and deformation of quartz crystals at high ph and under high stress[J]. Nuclear Engineering & Technology, 2013, 45(1): 53-60.

[129]RØYNE A, DYSTHE D K, BISSCHOP J. Mechanisms of subcritical cracking in Calcite[J]. 2008, 116(B04204): 1-10.

[130]FREIMAN S W. Effects of chemical environments on slow crack growth in glasses and ceramics[J]. Journal of Geophysical Research Solid Earth, 1984, 89(B6): 4072-4076.

[131]DAROT M,GUEGUEN Y. Slow crack growth in minerals and rocks: Theory and experiments[J]. Pure & Applied Geophysics, 1986, 124(4-5): 677-692.

[132]ATKINSON B K. Subcritical crack growth in geological materials[J]. Journal of Geophysical Research Solid Earth, 1984, 89(B6): 4077-4114.

[133]ATKINSON B K. Subcritical crack propagation in rocks: theory, experimental results and applications[J]. Journal of Structural Geology, 1982, 4(1): 41-56.

[134]ANDERSON O L, GREW, PRISCILLA C. Stress corrosion theory of crack propagation with application to geophysics[J]. Reviews of Geophysics, 1977, 15(1): 69-84.

[135]LEI X, KUSUNOSE K, SATOH T, et al. The hierarchical rupture process of a fault: an experimental study[J]. Physics of the Earth & Planetary Interiors, 2003, 137(1): 213-228.

[136]HIRATA T, SATOH T, ITO K. Fractal structure of spatial distribution of microfracturing in rock[J]. Geophysical Journal International, 2010, 90(2): 369-374.

[137]陆银龙,王连国. 基于微裂纹演化的岩石蠕变损伤与破裂过程的数值模拟[J]. 煤炭学报, 2015, 40(6): 1276-1283.

[138]吴池, 刘建锋, 周志威, 等. 岩盐三轴蠕变声发射特征研究[J]. 岩土工程学报, 2016, 38(S2): 318-323.

[139]任建喜. 单轴压缩岩石蠕变损伤扩展细观机理 CT 实时试验[J]. 水利学报, 2002, 33(1): 0010-0016.

[140]ESLAMI J, HOXHA D, GRGIC D. Estimation of the damage of a porous limestone using continuous wave velocity measurements during uniaxial creep tests[J]. Mechanics of Materials, 2012, 49(none): 51-65.

[141]URAI J L, SPIERS C J, ZWART H J, et al. Weakening of rock salt by water during long-term creep[J]. Nature, 1986, 324(6097): 554-557.

[142]周祖辉,黄荣樽,庄锦江. 大庆泥岩的三轴蠕变试验研究[J]. 华东石油学院学报(自然科学版), 1985, (4): 25-33.

[143]孙钧. 岩土材料流变及其工程应用[M]. 北京: 中国建筑工业出版社, 1999.

[144]李铀, 朱维申, 白世伟, 等. 风干与饱水状态下花岗岩单轴流变特性试验研究[J]. 岩石力学与工程学报, 2003, 22(10): 1673-1673.

[145]李铀，朱维申，彭意，等. 某地红砂岩多轴受力状态蠕变松弛特性试验研究[J]. 岩土力学，2006，27(8)：1248-1252.

[146]周瑞光，杨计申. 糜棱岩流动变形与含水率的关系[J]. 工程勘察，1997 (5)：34-37.

[147]李娜，曹平，衣永亮，等. 分级加卸载下深部岩石流变实验及模型[J]. 中南大学学报(自然科学版)，2011，42(11)：3465-3471.

[148]朱合华,叶斌. 饱水状态下隧道围岩蠕变力学性质的试验研究[J]. 岩石力学与工程学报，2002，21(12)：1791-1796.

[149]刘光廷，胡昱，陈凤岐，等. 软岩多轴流变特性及其对拱坝的影响[J]. 岩石力学与工程学报，2004，23(8)：1237-1241.

[150]黄小兰，杨春和，刘建军，等. 不同含水情况下的泥岩蠕变试验及其对油田套损影响研究[J]. 岩石力学与工程学报，2008，27(S2)：3477-3477.

[151]沈荣喜，刘长武,刘晓斐. 压力水作用下碳质页岩三轴流变特征及模型研究[J]. 岩土工程学报，2010，32(7)：1131-1134.

[152]宋勇军，雷胜友，邹翀，等. 干燥与饱水状态下炭质板岩蠕变特性研究[J]. 地下空间与工程学报，2015，47(3)：619-625.

[153]杨彩红，王永岩，李剑光，等. 含水率对岩石蠕变规律影响的试验研究[J]. 煤炭学报，2007，32(7)：695-699.

[154]韩琳琳，徐辉，李男. 干燥与饱水状态下岩石剪切蠕变机理的研究[J]. 人民长江，2010，41(15)：71-74.

[155]黄明. 含水泥质粉砂岩蠕变特性及其在软岩隧道稳定性分析中的应用研究[D]. 重庆：重庆大学，2010.

[156]季明. 湿度场下灰质泥岩的力学性质演化与蠕变特征研究[D]. 徐州：中国矿业大学，2009.

[157]ATKINSON B K, MEREDITH P G. Stress corrosion cracking of quartz: A note on the influence of chemical environment[J]. Tectonophysics, 1981, 77(1): T1-T11.

[158]ATKINSON B K, MEREDITH, P G. The theory of subcritical crack growth with applications to minerals and rocks[J]. Fracture Mechanics of Rock, 1987: 111-166.

[159]ATKINSON B K, MEREDITH, P G. Experimental fracture mechanics data for rocks and minerals[J]. Fracture Mechanics of Rock, 1987, 8(1): 477-525.

[160]ATKINSON B K. Stress corrosion and the rate-dependent tensile failure of a fine-grained quartz rock[J]. Tectonophysics, 1980, 65(3): 281-290.

[161]KRANZ R L, HARRIS W J, CARTER N L. Static fatigue of granite at 200 ℃[J]. Geophysical Research Letters, 2013, 9(1): 1-4.

[162]NARA Y, MORIMOTO K, HIROYOSHI N, et al. Influence of relative humidity on fracture toughness of rock: Implications for subcritical crack growth[J]. International Journal of Solids & Structures, 2012, 49(18): 2471-2481.

[163]NARA Y, MORIMOTO K, YONEDA T, et al. Effects of humidity and temperature on subcritical crack growth in sandstone[J]. International Journal of Solids & Structures, 2011, 48(7): 1130-1140.

[164]NARA Y, YONEDA, TETSURO, et al. Influence of temperature and water on subcritical crack growth in sandstone[C]. Egu General Assembly, 2010.

[165]万琳辉，曹平，黄永恒，等. 水对岩石亚临界裂纹扩展及门槛值的影响研究[J]. 岩土力学，2010, 31(9): 2737-2742.

[166]张雯，曹平，袁海平，等. 岩石亚临界裂纹扩展的应力腐蚀[J]. 土工基础，2009，23(2)：64-67.

[167]段宏飞，姜振泉，朱术云，等. 深部矿井岩石水稳性微观机理及强度软化特性研究[J]. 岩土工程学报，2012，34(9)：1636-1645.

[168]邓华锋，原先凡，李建林，等. 饱水度对砂岩纵波波速及强度影响的试验研究[J]. 岩石力学与工程学报，2013，32(8)：1625-1631.

[169]蒋长宝，段敏克，尹光志，等. 不同含水状态下含瓦斯原煤加卸载试验研究[J]. 煤炭学报，2016，41(9)：2230-2237.

[170]ZHANG D，GAMAGE R P，PERERA M，et al. Influence of Water Saturation on the Mechanical Behaviour of Low-Permeability Reservoir Rocks[J]. Energies，2017，10(2)：236.

[171]YAO Q，TIAN C，JU M，et al. Effects of Water Intrusion on Mechanical Properties of and Crack Propagation in Coal[J]. Rock Mechanics & Rock Engineering，2016，49(12)：1-11.

[172]唐鸥玲，李天斌，陈国庆. 含水率对砂岩渐进破裂过程影响的试验研究[J]. 实验力学，2016，31(4)：503-510.

[173]NICKSIAR M. Evaluation of Methods for Determining Crack Initiation in Compression Tests on Low-Porosity Rocks[J]. Rock Mechanics & Rock Engineering，2012，45(4)：607-617.

[174]邓华锋，李建林. 库水位变化对库岸边坡变形稳定的影响机理研究[J]. 水利学报，2014，(s2)：45-51.

[175]刘才华，陈从新，冯夏庭，等. 地下水对库岸边坡稳定性的影响[J]. 岩土

力学, 2005, 26(3): 419-422.

[176]刘新荣,傅晏,王永新,等.水-岩相互作用对库岸边坡稳定的影响研究[J].岩土力学, 2009, 30(3): 613-616.

[177]BUKOWSKI P. Determining of safety pillars in the vicinity of water reservoirs in mine workings within abandoned mines in the Upper Silesian Coal Basin (USCB)[J]. Journal of Mining Science, 2010, 46(3): 298-310.

[178]GENIS M, ö AYDAN. Assessment of Dynamic Response and Stability of an Abandoned Room and Pillar underground Lignite Mine[C]. The 12th International Conference of International Association for Computer Methods and Advances in Geomechanics (IACMAG), 2008.

[179]田佳.深埋软岩供水隧洞蠕变特性研究进展[J].水利与建筑工程学报, 2017, 15(4): 182-189.

[180]HOXHA D, HOMAND F, AUVRAY C. Deformation of natural gypsum rock: Mechanisms and questions[J]. Engineering Geology, 2006, 86(1): 1-17.

[181]GRGIC D, AMITRANO D. Creep of a porous rock and associated acoustic emission under different hydrous conditions[J]. Journal of Geophysical Research Solid Earth, 2009, 114(B10201): 1-19.

[182]巨能攀,黄海峰,郑达,等.考虑含水率的红层泥岩蠕变特性及改进伯格斯模型[J].岩土力学, 2016, (S2): 67-74.

[183]OKUBO S, FUKUI K, HASHIBA K. Long-term creep of water-saturated tuff under uniaxial compression[J]. International Journal of Rock Mechanics & Mining Sciences, 2010, 47(5): 839-844.

[184] LU YINLONG W L. Effect of water and temperature on short-term and creep mechanical behaviors of coal measures mudstone[J]. Environmental Earth Sciences, 2017, 76(17): 597.

[185] AYDAN O, ITO T. The effect of the depth and groundwater on the formation of sinkholes or ground subsidence associated with abandoned room and pillar lignite mines under static and dynamic conditions[J]. Proc. IAHS, 2015, 372: 281-284.

[186] MA L. Experimental investigation of time dependent behavior of welded Topopah Spring Tuff[D]. Reno: University of Nevada, 2004.

[187] LOCKNER D. Room temperature creep in saturated granite[J]. Journal of Geophysical Research Solid Earth, 1993, 98(B1): 475-487.

[188] DENG H F, ZHOU M L, LI J L, et al. Creep degradation mechanism by water-rock interaction in the red-layer soft rock[J]. Arabian Journal of Geosciences, 2016, 9(12): 601.

[189] LAJTAI E Z, DZIK E J. Searching for the damage threshold in intact rock [C]. Rock Mechanics: Tools and Techniques, Proceedings of the 2nd North American Rock Mechanics Symposium: NARMS'96 a Regional Conference of ISRM 1996: 701-708.

[190] LIU X, TANG C A, LI L, et al. Microseismic monitoring and stability analysis of the right bank slope at Dagangshan hydropower station after the initial impoundment [J]. International Journal of Rock Mechanics & Mining Sciences, 2018, 108: 128-141.

[191]周翠英,谭祥韶,邓毅梅,等.特殊软岩软化的微观机制研究[J].岩石力学与工程学报, 2005, 24(3): 394-400.

[192]唐世斌,唐春安,李连崇,等.湿度扩散诱发的隧洞时效变形数值模拟研

究[J].岩土力学, 2011, 32(S1): 697-703.

[193]唐世斌,唐春安,林皋,等.水泥基复合材料湿度扩散特性细观数值模拟研究[J].大连理工大学学报, 2011, 51(6): 868-875.

[194]唐世斌,唐春安,梁正召.裂纹对水泥基复合材料湿度扩散性能影响的研究[J].水利学报, 2011, 42(7): 826-833.

[195]TANG S B,TANG C A. Numerical studies on tunnel floor heave in swelling ground under humid conditions[J]. International Journal of Rock Mechanics & Mining Sciences, 2012, 55(10): 139-150.

[196]TANG S, Yu C, TANG C. Numerical modeling of the time-dependent development of the damage zone around a tunnel under high humidity conditions[J]. Tunnelling & Underground Space Technology, 2018, 76: 48-63.

[197]唐春安,王述红,傅宇方.岩石破裂过程数值试验[M].北京:科学出版社, 2003.

[198]董方庭.巷道围岩松动圈支护理论及应用技术[M].北京:煤炭工业出版社, 2001.

[199]EDUARDO E, ALONSOJUBERT J A P. Weathering and degradation of shales: experimental observations and models of degradation[C]. VI South American Rock Mechanics, 2006.

[200]REJEB A C J. Time-dependent evolution of the excavation damaged zone in the argillaceous Tournemire site (France)[C]. GEOPROC, 2006.

攻读博士学位期间科研项目及科研成果

发表论文

[1]YU C Y, TANG S B, TANG C A. The effect of water on creep behaviour of red sandstone[J]. Engineering Geology, 253 (2019): 64-74.

[2]TANG S B, YU C Y, TANG C A. Numerical modeling of the time-dependent development of the damage zone around a tunnel under high humidity conditions[J]. Tunnelling & Underground Space Technology, 2018, 76: 48-63.

[3]TANG S B , YU C Y , HEAP M J , et al. The Influence of Water Saturation on the Short and Long-Term Mechanical Behavior of Red Sandstone[J]. Rock Mechanics and Rock Engineering ,2018, 51: 2669-2687.

[4]于超云, 唐世斌, 唐春安. 含水率对红砂岩瞬时和蠕变力学性质影响的试验研究[J]. 煤炭学报, 2019, 44(2): 473-481.

[5]于超云, 唐世斌, 唐春安. 荷载与水共同作用对红砂岩蠕变特性的影响[J]. 水利与建筑工程学报, 2019(1): 24-29.

[6]于超云, 张慧慧, 唐春安. 龙游石窟 5 号洞室的破坏机理[J]. 地下空间与工程, 2018.

[7]YU C Y, TANG C A. Combined effect of load and water environment on creep behaviours of red sandstone[C]. The 5th International Conference on Civil Engineering, 2018, Nanchang, China.

[8]YU C Y, TANG S B, TANG C A. Study of Mechanism of EDZ in High Humidity Environment[C]. The 9th International Conference on Mechanics of Time

Dependent Materials, 2014, Montréal, Canada.

[9]YU C Y, TANG S B, TANG C A. Time-dependent Deformation and Failure of Soft Rock Roadway in Humid Environment[C]. International Conference on Civil and Environmental Engineering (ICCEE). 2015, Taiwan, China.

发明专利

[1]唐世斌, 于超云. 持续水环境作用的岩石流变试验系统: ZL 201611218772.8 [P]. 2016-12-26.

[2]唐世斌, 于超云. 持续水环境与可变温度共同作用下的岩石时效变形试验系统:ZL 201611219584.7 [P]. 2016-12-26.

[3]唐世斌, 于超云,唐春安. 岩石湿度、温度、力耦合流变环境试验系统:ZL 201611219622.9 [P]. 2016-12-26.

参与科研项目

[1]高等学校博士学科点专项科研基金(20110041110015):湿度扩散导致的岩体物性弱化及其松动圈形成机理研究,2012.1—2014.12,负责人:唐春安。

[2]国家自然科学基金面上项目(51174039):水汽环境中的围岩松动圈形成机理与分析方法研究,2012.1—2015.12,负责人:唐春安。

[3]国家自然科学基金青年基金项目(51004020):水分迁移条件下岩石的时效变形损伤弱化机理研究,2011.1—2013.12,负责人:唐世斌。

[4]国家自然科学基金项目(51474046):应力-腐蚀耦合作用下岩石流变失稳过程的细观机理及模型研究,2014.1—2017.12,负责人:唐世斌。

主要符号表

符号	代表意义	单位
UCS	单轴抗压强度	MPa
σ_{c}	闭合应力	MPa
σ_{i}	启裂应力	MPa
σ_{d}	损伤应力	MPa
R_{C}	软化系数	
ε_{0}	瞬时应变	
ε_{c}	蠕变应变	
ε_{t}	总应变	
β	瞬时应变占总应变的百分比	%
$\dot{\varepsilon}$	蠕变应变率	/s
t_{f}	蠕变失效时间	h
α	持载前后饱和含水率之比	
m	均质度系数	
S_{r}	饱和度	
D_{Sr}	水分扩散系数	m^2/s
w	强度折减系数	
η	弹模折减系数	
$\alpha(Sr)$	膨胀系数	